发掘生命中的无限可能

[美] 奥里森·斯威特·马登 (Orison Swett Marden) 著

孔 谧 译

中国出版集团

研究出版社

图书在版编目(CIP)数据

发掘生命中的无限可能／(美)马登著；孔谧译. —北京：
研究出版社，2015.8（2020.7重印）
ISBN 978-7-80168-929-0

Ⅰ. ①发… Ⅱ. ①马… ②孔… Ⅲ. ①成功心理－通俗读物
Ⅳ. ①B848.4－49

中国版本图书馆 CIP 数据核字 (2015) 第 187193 号

责任编辑: 张璐

作　　者：(美) 奥里森·斯威特·马登　著
译　　者：孔　谧
出版发行：研究出版社
　　　　　地址：北京市朝阳区安华里504号A座
　　　　　电话：010－64217619　010－64217612（发行中心）
经　　销：新华书店
印　　刷：保定市铭泰达印刷有限公司
版　　次：2015年9月第1版　　2020年7月第3次印刷
规　　格：710毫米×1000毫米　　1/16
印　　张：15.25
书　　号：ISBN 978-7-80168-929-0
定　　价：33.00元

关于作者

奥里森·斯威特·马登

　　奥里森·斯威特·马登（1848—1924），美国作家，倡导新思想运动。主修医科，同时也是一名富有成效的酒店业主。

　　他生于美国新罕布什尔州的桑顿—戈尔，位于路易斯和玛莎—马登之间的一个小镇。他3岁时，年仅22岁的母亲便撒手人寰。于是照顾奥里森和两个姐姐的重担就落到了父亲———个靠打猎和做门卫工作的农民身上。奥里森7岁时，父亲伐木致伤，不久也离他而去。他的监护人几经转手，他终日食不果腹，艰难度日。他受英国作家塞缪尔·斯迈尔斯早期作品的影响，决意改善自我，改变生存环境。1871

年，他毕业于波士顿大学。1881年，获得哈佛大学医学博士学位。1882年，攻克了法学学士学位。之后，又就读于波士顿祷告学校和安多华神学院。

大学期间，他靠在酒店打工自食其力。之后，他拥有几家自己的酒店和一处度假村产业。经济危机使他的职业生涯告一段落。1893年，当举办哥伦布世界博览会，大批游客从四面八方蜂拥而至的时候，他再一次在芝加哥跻身酒店业并担任酒店经理一职。这期间，他在塞缪尔·斯迈尔斯思想的感召之下，立志奋笔疾书，旨在启迪思想，阐述自己的哲学观点。

除此之外，他的思想还受到19世纪90年代新思想运动先驱者小奥利弗·温德尔·霍姆斯和拉尔夫·瓦尔多·爱默生的影响。

1894年，他撰写的第一本书《奋勇向前》问世了。他着重论述了成功、毅力的培养和积极思考的话题。1897年，他创办了《成功》杂志，与此同时，该杂志作为奥里森·斯威特·马登"新思想哲学"的宣言，教授了人们积极思维，生活的技能和服从管理。在20世纪的头20年中，他也是伊丽莎白·汤新思想杂志《鹦鹉螺》的固定撰稿人。

《成功》杂志时至今日仍能发人深省，并被评为美国当今最有影响力的十大杂志之一。

他曾采访过当代最具盛名和最有权威的成功人士，而且《成功》杂志在美国社会开创出一个不同寻常的成就，被视为现代个人发展运动的诞生。据报道，此行业仅在美国每年耗资110亿美元。

20世纪初，据不完全统计，四分之一的美国人知晓这个杂志。

何等伟大的标题，又何等伟大的杂志！现在《成功》杂志仍然具有强大的生命力，并以凸显现在和过去有识之士的成功事迹为特色。

马登曾是《成功》杂志的第一撰稿人，那些一度深受其启迪的人后来相继成为该杂志的编辑，包括著名的拿破仑·希尔、W. 克莱曼·斯通、斯科特·德加摩和查理德·坡等。

像许多新思想拥护者那样，马登相信思想可以影响人的生活和人的生活环境。他说："我们创造了我们赖以居住的世界和我们的生活环境。"然而，尽管他在经济上获得了成功，但是，他总强调个人发展："你刻意追求的绝好机遇，不取决于环境，关键在于自己；不在于运气或机会好坏，或不在于别人的帮助；完全在于自己。"马登一生撰写了大量鼓舞人心的著作，其中代表作《你能行》《奋勇向前》《生而为赢》《第一本快乐心理学》《你就是命运的建造师》《做自己的国王》《你也可以拥有打动人的磁性魅力》《我最想要的择业说明书》《成功依然有秘密》等在欧美一上市，即受到大众的认可，几乎每本都是畅销书，很多公立学校指定为教科书或参考书，不少公司企业将这些作品发给员工阅读，在商人、政府官员、军人、教育人士、文化人士和神职人员中也深受欢迎。很多著作已经被翻译成50多种文字，在世界各地广为流传，现在已成为影响世界历史进程的经典人文作品。

1924年，马登与世长辞，享年74岁。

CONTENTS · 目录

从小便养成迎难而上的习惯对我们来说是一件好事。只要在克服困难后我们能向目标迈进一步，收获成长，我们就应当竭尽所能，迎难而上。

成功人士极少谈论困难，他们的眼里只有目标。他们毫不在意通往目标的道路是否坎坷，因为无论遇到怎样的障碍，他们都会毫不犹豫地直接清除。

懂得克制自己，理性处事，哪怕受到最强的诱惑也能不为所动便是巨大的成功。人只要能够做自己的主人，做自己的国王，就可以不为情绪左右，不被环境牵着走；就能够超越欲望，做到比承诺过的还好。

我们所得的成就来自每天、每小时、每分钟对自己的投资经营。只有把时间都花在学习知识和获得力量上，我们才能得到最大的满足感。白手起家的伟人都是善于利用时间充实自己精神世界之人。

无论你拥有什么才华、梦想，在选择职业前都要三思，要先了解清楚自己。选择的职业应要符合自己的个性，能够让你发挥出最大的才能。切莫成为任人操控的机器人，而是要自己做主，因为你的选择将会成为你生活的一部分，而你的态度则折射出你的理想。

第一章

成就卓越人生

　　成就卓越的人生并不就意味着一个人必须从事高等职业，必须要做些出色而特别的工作或者参与学术研究，其实每一项诚实的劳动都是尊贵杰出的。最能展现一个人品质的，是那些他在完全自由之时做出的自愿选择，他在无所拘束之时的随心行动，以及他倾注于每日琐事中的点滴精神。

纽约报刊的领头羊在一份社论中如此评论某位知名赌徒之死：

"假若此君不是在那么年轻的时候就成了赌徒，并且在赌场中奋战经年还屡赌屡胜，人们也许就会倾向于认为，赌博对他而言无非就是一种嗜好，而非其生活不可或缺的一部分。"

此君天赋甚高，他所拥有的特质本可以成就其卓越一生。然而，在他的身后，他遗下的名声无非就是一个"常胜"赌徒。

他是个不惜重金下注的赌徒。但他同时也是个诚实的人——他有职业赌家该有的诚信，他还是个心地善良、极为聪明的人，有着良好的判断力和商业感觉，所有这些，本都可以让他在任何一个领域获得成功。再者，他天生爱慕美好事物，并且因为这种爱慕而不断陶冶自己的情操。他的业余爱好就是收集图书和艺术品，他的藏品无不显示出他的优雅品位和过人的眼力。

此君若是愿意，也许是可以成为人中龙凤的。然而遗憾的是，他早早便选择了走赌徒这一道路，从而在一开始便抹杀了老天赋予他的一切可能。

就在此君故去的一两周后，全国媒体又报道了另一位先生的逝世。而这又是一位何等杰出的人物啊！他的一生成就卓越，他的品格令人钦佩，他的名声受人敬重，他还给世人遗留下了宝贵的财富。

从东岸到西岸，每一家报纸都在谈论他——不仅仅描述了他辉煌的职业生涯，而且还发表了社论来颂扬他在人道主义方面做出的卓越贡献，尤其是他为他的国家所做的贡献：

纽约《世界报》写道："没有几个美国人能认识到这个国家对约翰·缪尔①的亏欠。这是一位有着诗人一般丰富想象力的科学家，他深爱着大自然并给世人提出了切实可行的理想，他教会了一个国家要尊敬自己的财富、要保护那些人力无法复制的财富不受任意的戕害。正是得益于他超乎寻常的热切宣传和个人影响力，才有了美国的国家公园及自然保护区体系。如果不是他的不懈努力，优诗美地在今天也许就只剩下了一片不毛之地，山峰销蚀、溪流枯竭。而保护优诗美地所取得的成果仅仅是一个伟大计划的开始，这个计划将保护东西两岸的森林和溪流不受侵害。"

想想吧，由始至终他居功至伟！尽管要同时面对来自木材商人和巧取豪夺霸占土地之人的敌意，要与现代诸神、物质进步还有人们的贪婪做斗争，他还是有力地实现了他的目标。

————————

① 约翰·缪尔（1838—1914），是美国早期环保运动的领袖、美国"国家公园之父"。他写的大自然探险，包括随笔、专著，特别是关于加利福尼亚的内华达山脉的描述，被广为流传。缪尔帮助保护了约塞米蒂山谷等荒原国家公园，并创建了美国最重要的环保组织塞拉俱乐部。他的著作以及思想，很大程度上影响了现代环保运动的形成。

即使他不曾做过什么，仅仅是将大自然赐予这个国家的鬼斧神工从某些破坏活动中拯救出来，这个世界也依然无法好好报答他所做的一切。尽管他的真正职业是一名博物学家，但他在地理、探险、哲学、艺术、写作和编辑这些副业中所取得的成就，就足以让任何一个普通的人功成名就了。

当然了，约翰·缪尔可不是什么普通的人，只有那些成就非凡的巨人可与他相提并论。他们当中无论是谁，都不至于在离世时只能留下一个"成功赌徒"的可怜名声。

每个人的职业图景都有着各种可能性，它有可能成为一幅堪称经典的杰作，也有可能成为一幅糟糕、歪斜的劣品。它终将会高悬在文明的画廊里，孰优孰劣，任人评说。它充分体现了在其背后的每一种生活，并将这生活如实地向世人展示出来。

我们的职业生涯不仅仅是面向世人的展示，也不仅仅是为人类的文明做出的贡献，它还是我们呈现给造物主的陈列品，这份陈列品将向造物主讲述我们是如何利用他赐给我们的种种天赋才华的、我们又是如何为了发挥这些才华而用心投入的，还有就是我们从中又得到了些什么。简言之，这是我们呈递给造物主的终极报告。

人类历史中最令人哀叹的事情，莫过于看着一个人把自己的种种机遇、无限可能通通输光，直到他接近生命尽头时才幡然醒悟，原来终其一生，他都在虚耗自己的大部分才能，事已至此，他那本可成为大师级杰作的职业生涯就只能以一幅污点重重、不堪入目的丑陋之作作结。

记住，你会成为怎样的人、你会受世人尊敬景仰还是受世人唾弃、你是否能获得造物主的首肯——所有这一切，统统掌握在你自己的手里！无论你抽到怎样的签，这世上都没有什么力量可以阻止你成为你该成为的人、成为一个成就卓越的人，没有力量可以阻止你让自己的生活成为经典。

你一辈子能赚多少钱，这多少会取决于运气，但是，你最终会在职业生涯中成为一个怎样的人，绝对取决于你自己，而且不必一定要经历水火淬炼或是恐慌大难，也不会受到居无定所、人心叵测或是世事无常的影响。

林肯就曾说过："我不是一定要赢得我尝试争取的东西，但是我一定要顶天立地，我一定要成为一个忠于最好自我的人。不能做到这点就是可鄙的懦夫。"

职业世界里风云莫测，各种物质上的不幸甚至灾难实非人力所能阻止或是扭转，但是，即便是职业生涯遭受破坏，一个人还是能够让他的人生成为经典杰作的。即使一贫如洗、身无分文，一个人还是能傲然地成为一位卓越人物的。

看看今日之比利时，千千万万的人失却了曾经拥有的一切——他们的职业、他们的家园、他们的谋生饭碗，残酷的战争吞噬了他们的一切，让他们一贫如洗，但比起当初受到命运垂青之时，现在的他们却更强大、高贵，更受人尊敬。很多时候，他们妻离子散，甚至妻儿已被流弹所杀或是死于饥饿暴晒，但即使面对如此惨痛厄运，他们依然不屈不挠，他们的脊梁仍在，他们没有为自己的名声抹黑，他们的气概坚不可摧——炸弹炸不倒，连加农炮也无法将其粉碎！

那些受我们推崇的人士，那些令世界为其树碑立传的人士，他们的成就更为巨大、辉煌，远非费心积攒钱财的行为可比。那些只懂得摆弄钱财的人在人们的价值观里只能占据一个极为低微的位置。也许整个世界有时看起来有点冷酷自私，但是这个世界从未以贪婪和自私为荣。最终，世界珍视与怀念的还是那些能体现出人类价值观中更好一面的人。

人的天性让我们会本能自发地鄙视自私，鄙视那些贪得无厌只会一心想着为自己牟利的人。同样地，人的天性也会让我们发自心底地热爱那些乐于为同胞做出无私奉献的人。我们知道，这样的人才是社会的中流砥柱，这样的人对人心的鼓舞作用实在是无法计量。

当拉尔夫·沃尔多·爱默生一年只能赚上1000美元的时候，他对人类的贡献比起同期的任何一位富翁都要巨大。马萨诸塞州康科德的小乡村就因为这些伟大的灵魂而能在历史垂名不朽——爱默生、朗费罗、露易莎·奥尔珂德及其前辈玛格丽特·福勒，以及其他一众新英格兰的著名文人学者。就是这样一个小小的乡村，它对世界的贡献远多于任何一个大城市。爱默生的声音就如列克星敦的枪声一样远播全世界，起源于那里的信仰已然渗透到世界的各种信条中。

似乎很多人都不认为他们有责任让自己的生活尽其所能地充实、成功。但其实，这正是我们立世的要义所在——从自己身上把造物主所精心塑造的真实自我展露开来。要想忠于自我，我们就不得推卸此责任。每一个人，与生俱来便有其神圣的使命，而好好完成此使命、以此使命为荣，不去歪曲它也不去回避它，正是每个人的分内事。这个使命应是我们的终生追求，追求高尚人格的不断进化，实现人类所能达到的最辉煌成就。

如果一个人不能认识到他的生命充满无限可能、大有成就卓越的机会，不能意识到破坏或是宠溺这样的生命都是一出悲剧，那他是无法发挥出自身的最大潜能的。如果没有这样的理想、没有远大的抱负，没打算让自己的生命获得成功、充满意义，没打算竭尽所能建立最圆满、最杰出的人格，那这个人是不可能取得真正成功的。

我们的职业目标不应仅仅是谋个果腹的饭碗，在造物主的计划里，这是顺带出现的，对比起实现自我的宏大动机，这不过是次要的事情。表达自我、充实自我，实现个人成长、聆听使命召唤，运用起意志、肉体和灵魂的全部力量——这才是一份工作或是一份专业的真正意义所在。

如果我们从每日的工作中只能看到租金食物、衣服蜗居、各式税项以及一点点愉悦或者其他次要事情，那我们还真是罔过了一生。

这样看待工作是肤浅低级的。要知道这些都只是生活的多变一面，而且往往会成为过眼云烟。

若想把握机会做个顶天立地的人，将造物主赐予我们的才华充分展现出来，那我们就该这样看待工作：对比起那些能成为杰出人物、能助人最大限度地提升其人格气概的机遇，我们通过施展才华所挣来的那些报酬，都不过是让我们获得一点琐碎狭隘的满足感而已。正如爱默生所说："人是万物之灵，是他们给周围一切冰冷的事物注入了灵性。"

就我们的生计而言，造物主本可让树上垂挂粮食供我们果腹，本可让我们免于单调的劳作之苦，但是，在造物主的计划里，我们的生活里还有一些比男女饮食更为宏大的事情。我们被送到世上，就是要接受磨炼，生活就是一所优秀的大学，让我们释放心灵，让我们习得品格。所以，当我们还有机会选择此生的工作时，我们应该记住：选择那些能发挥自身最大潜能的工作，而不是能积攒最多金钱的工作。

只要我们为人正直，致力自我发展与提高且严于自律，那我们能赚多少糊口钱并不是什么很重要的事情，我们的真正目的应该是获得个人力量。

成就卓越的人生并不就意味着一个人必须从事高等职业，必须要做些出色而特别的工作或者参与学术研究，其实每一项诚实的劳动都是尊贵杰出的。很多人只是做个补鞋匠，却让这份工作变得受人尊敬。还有大量的农夫，他们深谙土地的特质并开动脑筋去耕种，让耕作变成了一项伟大的专业，也成就了自己经典的生活。当埃利·伯里特在一家铁匠铺里锻造铁砧的时候，他其实就是在锻造自己的生活——锻造一幅经典的人生画作。

也许，有时为了生存，我们要做一些事情，这些事情暂时未能企及我们的最高理想，但其实，只要我们愿意，我们也可以同时让生活更有意义。有一句古老的东方谚语这样说道："如果你有两块面包，请卖掉一块，并买些白色的风信子去滋养你的心灵！"无论一个人从事什么职业，那些可以让你变得更有见识、更为宽厚、更加高贵的事情，那些从长远来看，肯定远比股票和债券更值得你去投入的事情，都是值得你随时投入身心去做的。无论你的工作是什么，是洗碗还是挑担，只要你有决心，你都可以成为一匹千里马。在每天的日常琐事中，你都可以遵照那些高标准来要求自己并将其付诸实践。最卑微的工作也可以因为被注入其中的精神而变得高贵动人。

在我们国家的早期历史中，那些最高贵的人物中不乏鞋匠、农夫、苦力。然而，人们往往会更关注从事这些工作的人，对于一个人何以会凭这些工作谋生却不会太过关注——即使那是些受人尊敬的工作。

我们是如何完成工作的与我们凭借什么工作谋生一样，其实并不太重要。重要的是我们关注在工作中的精神——自造物主创世开始便是如此重要。

你不能总是靠一份赖以谋生养家的工作来判断一个人的真实性情、品位以及他的兴趣爱好。最能展现一个人品质的，是那些他在完全自由之时做出的自愿选择，他在无所拘束之时的随心行动，以及他倾注于每日琐事中的点滴精神。

不久之前，一位刚刚移民来的穷困年轻人对我说："我一定要让我的人生有意义。"这可是一份了不起的决心，因为这份决心背后受远大的抱负所支撑——他有坚定的目标，他要做个对人类有贡献的男子汉。

这位年轻人白天努力工作，晚上则到夜校学习，他总是利用分分秒秒来提升自己。

　　这样的坚定认真会让这位年轻人无往不胜，而正是存在于国民中这样一种特质才使得美国有别于其他任何国家。这样的一种决心给我们带来了林肯、安德鲁·杰克逊、爱迪生、约翰·缪尔——也正是这样一种决心给我们带来了这个国家的所有伟大人物，无论他们是土生土长的，还是归化入籍的。

　　一个人的生活中还有比实现人生意义更为远大高尚的抱负吗？一个郑重其事去努力尝试的人是不大可能遭遇失败的。

　　然而遗憾的是，孩子们对生活或者职业往往并没有正确的认识。他们当中很多人都是抱着这样的信念长大的，那就是，生活意味着尽可能多地享乐、要让自己尽可能过得舒适安逸，并且尽可能地了无牵挂。而抱有这种观念的孩子长大后，就会将从业看作为了满足身体基本所需而不得不履行的责任，本可以成为人生快乐源泉的工作过程却成了他聊以度日的痛苦体验。他们当中没有多少人能得到适当的指导，没人去教会他们，一个人的职业应该是一种可以助其成长的工作，可以让他获得精神、心灵、体魄三重的健康与发展。

　　今天我们最需要的就是那些能教导人们如何生活、如何让谋生之道成为艺术之巅的机构、学院，让人们不仅仅是埋头糊口。实事求是地说，自律、耐心、体贴他人、正确地看待生活、坚定秉持正确态度——所有这些对比起单纯的学术训练都更为重要。

　　我不是在贬低教育，教育极其重要。那些从不愿意为了获得尽可能好的教育而努力或者做出牺牲的男孩女孩们，他们确实是永远没法成就卓越出色的人生。但教育也只是让我们掌握了一门技能而已，我们或许可以凭借这技能来谋得工作，但这不一定能让我们活得精彩而富有意义。一个人要是自私自利，对其族群没有贡献，那么无论他的教育程度如何、他的职业是什么，他都只是个大失败者。他的生命自然也不会是一幅经典杰作，只会是又一幅不堪入目的陋作。不管他拥有怎样的学识、财富或是社会地位，他都没能充分实现造物主授予他的重大任务——凭借自身的条件充分发挥潜能、实现自我。

可是我们往往看到的是什么？是一些极富才智、大有成就的人钻到钱眼里去了，完全看不到生活的神性一面。

在生命之书《圣经》中，有一段最值得我们深入学习的内容，那就是："生命远胜饮食，身体远胜衣裳。"

人生在世，最大的过错莫过于耗尽我们全部的心血去讲究饮食、衣着乃至房屋等身外之物，却只拿出点滴的时间和精力去关注自身价值的实现。

怎么会这样呢！事情应该反过来才对。

果腹之物、遮羞之布以及头上片瓦，对比起自我价值的实现，本来都应只是附带之事！

如果说我们完全不用考虑物质状况，那会是一派胡言；只要我们躯体犹存，我们还是需要满足衣食住行，还是需要亲自动手动脑去满足这些基本需求的。但关键在于，我们不必让自己深埋于赚钱糊口的问题中无暇他顾——但这些必须是从属于我们的更高层次需要的。就如西奥多·帕克①曾说过的："你能从生活中得到的最好回报不是金钱，也不是单独由金钱带来的东西。你应该拿出努力赚钱的劲头来努力培养你的人格，并全力以赴来拥有你的人格。"

与其每天花上十个小时甚或十二、十五个小时去追逐钱财，却无暇去思考如何善待他人、如何为他人做贡献，还要落得筋疲力尽，最终却在一日完结之时没有给生活沉淀下什么，也没有给家园和家人积累下什么，只留下了日渐枯竭的活力，还不如把这些看作每日例行之事的根基。

"帮助你兄弟的船设法到岸时，你自己也就到达了岸边。"这是一句古老的印度谚语。即使是最平凡的工作，也会因为在忙碌日子中一次又一次的无私服务而变得光荣。一个微笑、一句喝彩，或者是对沮丧心灵的一次安慰，都会是生命画卷中最优美持久的一笔。

人不是一架由外界力量推动的机器，他的动力应源于内在。他完全可以选择自己前进的方向，每一天他都可以满怀信心地对自己说："没有资本、没有影响力，也没有吸引力，没错，即使要面对来自他人的阻力，我也会忠于自我，我会成为一个有价值的人并让自己的生命杰出精彩。"

"我自己才是我所拥有的最大动力。那个可以摧毁我的职业、让我无法成功的人只会存活于我的皮囊之内。"

---

① 西奥多·帕克（1810—1860），美国神职人员。同拉尔夫·沃尔多·爱默生和威廉·埃勒里·钱宁一样，帕克也是新英格兰先验主义者。作为一名废奴主义者，帕克曾为逃跑的奴隶提供帮助，是协助约翰·布朗袭击哈珀斯费里军工厂的秘密委员会成员之一。此外，他也曾为禁酒运动、监狱改革以及妇女权利而奋斗。——译者注

"所谓命运、天数都不可压倒我。我就是决定自己命数的人，我是命运的主人，我是自我灵魂的领航人。"

第二章

脚踏实地的梦想家

总有一天，人们会恰当地运用想象力，将其用作教育、培养，或者是创造快乐的源泉，并会将其作为一门学科去传授。到那时，人们就能学会如何控制并且引导自己的思维力量，让其通过不同的途径去实现各种有建设性的事情。

最近，一个彻头彻尾的失败者自吹自擂说，至少，在一件事情上他从不曾有错，那就是——建造空中楼阁。

我的朋友啊！我认为，或许那就是导致你沦落到今天这一地步的原因所在。如果你把大好的青春年华都花在了建造空中楼阁上了，而且还不曾付出一点努力去尝试为其打造基石，那么到了今天，你很有可能还在这些虚无仙山中自鸣得意呢。

有些人则极为轻视梦想家，他们以自己臻于极致的脚踏实地为荣，并且喜欢把建造空中楼阁的行为断然视作愚蠢之事。然而，世界历史上的每一项伟大成就，在一开始时无不都是为了最终实现成就某个人心中的一个梦想、一个预言而已——那时它就只是个"空中楼阁"，是个虚无缥缈的梦想，还没有真实、牢固的结构，只有想象中的模糊轮廓。

然而实事求是地说，在一座真实可见的建筑得以落成之前，还是先需要有一座"空中楼阁"的——那就是动手开建之前订立的计划。同样重要的是，你还必须不辞劳苦地砌砖、刷浆才能把它真正地建起来，不然的话，计划永远只是计划，楼阁也只能继续飘悬于空中。

我们的念头和理想要是不经我们付诸实践的话，它们就永远不会成真。在脑海中勾画出虚幻的结构并没什么不好，但我们还必须将它们带到现实中，为它们奠定坚实的根基，否则，这些"空中阁楼"不会给我们自己或者世人带来任何益处。当它们依然是虚幻之物时，那都是不切实际的，如果不能跳出这种幻境进入现实，这些"空中阁楼"的存在不但对我们没有益处甚至还可能会对我们有害。

如果你能在梦想的同时坚持不懈地为你脑海中这片无形建筑打造基础，那你就是走在一条光明大道上了。即使别人说你爱做白日梦、说你好高骛远或者说你不切实际，你也不用太过介怀，因为你有为数不少的同道中人呢。实际上，所有的发明家、发现者以及很多在过去取得了伟大成就的人，他们都曾被人讥讽为"不成大器的人"，被人视为一事无成的人。当他们在做计划去完善自己想法、在脑海中勾画他们眼中的作品时，那些冷嘲热讽的人就会取笑他们，说他们是无所事事的好高骛远者，说他们在浪费时间。但是，正是这些所谓的"好高骛远"者、这些所谓"浪费时间"的人，最终却向世人证明了他们才是最脚踏实地的人、最能为人类做出贡献的人。

想想艾利司·哈维吧！人类文明该如何给这样一位梦想家记功呢？正是他坚守自己的梦想，最终造出了缝纫机。还有伊莱·惠特尼的轧棉机梦想，当初又有多少人能预料到这给生产制造业带来的革命性突破以及给南部穷苦人民带来的巨大转变呢？想想吧，那些科学上的梦想给农民们带来了多少好处——那些梦想让他们能开动脑筋去耕作土地，让他们免于各种重活之苦。

还有，我们身处的这片热土，这片让我们在过去与今天都可以拥有"美国梦"并且可以梦想成真的热土，不正是哥伦布当年梦想的结果吗？只有一个精力充沛且脚踏实地的梦想家，才会在面对一群行将叛变并打算将他囚禁的船员之时，依然能坚定不移地日复一日、周复一周向西航行。

今天这片大陆上的文明就是梦想的结果。每一个城市都是一个梦想。当我们的开国先贤们刚刚踏上这片土地的时候，这里还有印第安人和野兽出没，先贤们手里握着的就只有他们自己的勇气。然而，就是在这样一块不毛之地上，就是依照他们脑海中的空中楼阁，他们建起了我们的家园、我们的城市、我们的各种机构。我们的宪章，就是在杰斐逊、亚当斯、华盛顿、汉考克以及其他一批梦想家的梦想激励下写就的。在我们这个国家发展的里程中，最珍贵、最高贵也是最好的东西，就是我们在建国初期的种种梦想。

我们的先辈怀抱着梦想，梦想有一天从拘束他们的艰苦劳作中解放出来，可以轻松舒适地远行。梦想着有一天可以与世界各地的同胞们迅速方便地沟通。他们梦想有个舒适、华贵的家——而今天我们已梦想成真。我们今天所享用的一切发明创造、发现改进、各式器械，所有这些，都是前人梦想创造的最终结果。

芝加哥就是一个不到百年之前出现的愿景的结果——而这个愿景是发源于一个小而散乱的印第安人交易场地。盐湖城则是杨百翰的一个梦想，而今梦想已经变成了现实。

过于"讲求实际"的朋友们啊，那些被你贬为纯粹在做白日梦的人，也许正过着一种更为踏实的生活，也许还拥有那些你吹嘘夸耀的智慧。所谓梦想给事物注入的潜在而真实的力量，不是那些"实际"之人可以明了的。只要我们诚心去实现梦想，而不是光在空想，那我们自身深处的一些东西就会启动，就会来帮助我们实现这些梦想。

贝尔教授和他的父亲的梦想为大量生活在无声世界里的聋哑人士开启了一个全新的世界。而如果没有马可尼的梦想，谁又能预计如今会有多少人沉睡于海底呢？不仅仅是1600人，而是所有泰坦尼克号上的乘客都可能葬身海底。这位年轻人的梦想不仅仅拯救了大量的生命，还挽救了许多的船只、财物——而正是这一梦想，却曾遭受到他伙伴们的嘲讽、讥笑，说他"太不切实际"。

仅仅在数年之前，任何一个人要是认真地谈论着凭借机械在空中飞行，那么聪明人肯定会不无怜惜地看着他，并可能立刻将他扫进怪人或者疯子的名单里。可如今，飞船已经不是什么稀罕事物，而人类在空中飞翔也不再会引起一阵阵大惊小怪了。莱特兄弟在这个国度继承了兰利①教授以及其他前辈们的梦想，并且最终将梦想

①　塞缪尔·皮尔特·兰利（1834—1906），美国天文学家、物理学家，航空先驱，测热辐射计的发明者。19世纪90年代，兰利仔细研究了空气动力学原理，试图从鸟类飞行中获得启发研制飞机。1896年5月6日，兰利在华盛顿附近的波托马克河上进行了无人飞机模型的试验，该模型飞机从船上弹射起飞，飞行了大约半英里。这次飞行在航空史上被认为是比重大于空气的飞行器进行的首次持续动力飞行。同年11月11日，他的另一架飞机模型又成功飞行了5000多英尺。随后，兰利获得了美国政府5万美元以及史密松研究所2万美元的支持，试图建造一架有人驾驶的飞机，并雇用了查尔斯·曼利做机械师和飞行员。1903年10月7日和12月8日，兰利的飞机在波托马克河上两次试验失败，飞行员曼利被人从水中救起，没有受伤。报纸对兰利设计的飞机进行了猛烈的抨击。1906年兰利在南卡罗来纳州的埃肯去世。虽然他动力飞行的愿望未能实现，但为后来的飞机设计者留下了很多有益的启示。——译者注

变成了现实；而这些先辈们当初可是在没有任何回报的情况下不辞劳苦进行研发的。人们把兰利教授建造的飞行器叫作"兰利的蠢货"，而在教授故去之后，人们才发现，这架飞行器是可以成功起飞的。

有关天才和艺术特质有多不可靠，我们肯定已经耳闻甚多了，但是，我们曾否好好想过，那些让我们享受视觉盛宴并激发我们种种想象的优美画作、那些触动我们灵魂深处的美妙音乐，还有那些以高尚事迹激励我们的诗歌和文章——所有那些美妙的作品，最初都是艺术家、雕塑家、作曲家、诗人和作家心中的一个梦想。

历史上的各位大师都曾受到同辈人的挑剔，被指是空想之人，但到了今天，我们都认识到，他们心中的蓝图、他们的"空中楼阁"其实都是无价的经典杰作。我们今天所拥有的一切宝贵事物，都是人类数个世纪以来的思想和辛劳的结晶，都是诞生于想象之中的，都是某些人的创意。

我们之所以拥有梦想的力量，是因为我们有个神圣的目标。世上有数百万的人，他们不能忍受现状，因而不得不拥有自由穿梭于梦幻世界的能力。要是没有这种逃离残酷环境的力量，他们可能会变疯的；这种力量让他们可以远离痛苦，可以沉醉于美妙的极乐梦幻世界中，只与自己的想象为伴。

对那些困于忧愁境况中，忍受着贫困、挫折、失败所带来的阵阵剧痛的人来说，这是一种怎样的解脱啊！还有那些受到不理解自己或是不爱自己之人束缚的人，能够进入这样一个梦幻境地，至少是暂时的，可以享受和谐、温馨和喜悦，又是一种怎样的慰藉啊！

当能超越于烦恼苦闷以及每日担忧之上时，一个人将会是何等的心旷神怡啊！同时获得身心力量，一切就犹如在梦想国度里来了一次精神洗礼！

在我的社交圈中有一位魅力超群的女士，她有过痛苦悲伤，也曾失去很多，那真是没有多少人会经历的命运劫数，但是她宣称，所有这一切都不过是助她救赎梦想——或者如她所说的"觉醒后的愿景"。尽管年月流逝，她失去了所有的挚爱之人，而且不得不极度节俭以防入不敷出，但是她更为讨人喜欢了，而且比起少女时期更有魅力，而这仅仅是因为她能随心所欲地摆脱眼前的困境，进入到用她自己的想象构筑的美妙世界里荡涤灵魂。她断言，她在那里所听到的和音，比起人类所能听到任何人声或是乐器之声都更令人心醉神迷；她在那里所看到的美丽比起肉眼所能看到的任何景象都更臻极致。

能够提升自我境界，在一个和谐、美妙而真切的世界里与天父同在，至少是暂时地摆脱了那些让我们满心忧愁的问题并且让自己的灵魂焕然一新，这实在是慈爱的天父赠予我们的最伟大天赋。

总有一天，人们会恰当地运用想象力，将其用作教育、培养，或者是创造快乐的源泉，并会将其作为一门学科去传授。到那时，人们就能学会如何控制并且引导自己的思维力量，让其通过不同的途径去实现各种有建设性的事情。

那些不能脚踏实地的梦想家却将他们的绝大部分时间都花在流连于梦幻世界里了。那些人似乎一直都不会发觉，这是一个甚为实际的世界，他们很少会立足于现实，他们的空中楼阁就真的只能是空中楼阁，他们不会给自己的构想添砖加瓦使之成为能与其相伴的实际事物。

一个能把自己的想象付诸实践的才俊，比起十个只会一直流连于梦幻国度的天才更为有用。所以，我们常常会在这里那里看到，一个平凡但富有才华的实干家会将十个天才空想家远远抛在身后——因为那些空想家除了做梦不会做任何实事。

我们对社会究竟多有用，不是以我们想到了什么或承诺了什么来考量的，而是以我们的实际成就、我们所创立的事业或是我们为后来者取得成功而打下的根基来考量的。

我们一些最伟大的先知、破旧立新的先驱，他们之所以会在其身处的时代被称作梦想家，那是因为他们的愿景无法在其生时实现。他们的伟大贡献在于指明路向、在于照亮通向新真理的第一步。

每一个时代都有很多被人称作"梦想家"的人实际上是时代的先知，他们预言了那些在将来充满可能的事情。当整个世界都未能看到未来的方向之时，他们已经能看到光亮，看到了最终梦想成真的可能性。没错，他们当中很多人未能看到预言成真，在黎明前的黑暗里湮没于土地中，但是，他们为后继者能走上正确的道路而打下了基础，当年的空中楼阁成为了如今的宏伟宫殿。

再想想我们的开国先贤们的民主梦想又给世界带来了多少裨益吧。正是这个梦想在过去推倒了王座、推翻了君主制，并且这个梦想正变得越发栩栩如生且更有力量，到了今天，人类甚至真的在谈论建立一个世界共和国。

有许多的事情可以让人们却步，其中之一便是他们那愚蠢的习惯——扼杀自己的抱负，压抑自己梦想的倾向。他们会对自己说："我去梦想自己将来能做些什么美妙的事情又有何用处呢？这些成就不会降临到我头上的。我又不是什么天才，还是安于一份普通的职业吧。"就是这些消极的想法与断言冷却了他们青春的热情，让他们的抱负消弭，让他们的理想枯萎，生活中缺失激励，而终日浑噩于单调枯燥的例行琐事中，远离他们本可到达的境界。

无论你做什么，千万别压抑自己对梦想的喜爱。你心底的渴望可不是空洞的大话，它们其实孕育着未来的实事，人天生就是要去追求、要奋发向上的。那些只能看到眼前已有现实的人是无法前进的，只有那些富有远见、能预见未来的人才能不断前进。

一个人没有洞察力与梦想，就会一直是狭隘的、受限的。如果他是个商人，他会受制于每日的例行公事，埋头在他的账簿中；他只会对眼前实物有兴趣，不会对想法有兴趣，他只关心如何赚钱，对其他事情不屑一顾。他没法与人谈论音乐、艺术或是书籍。他也不关心政治、哲学、心理学或者人类的福祉。他的心灵已困于种种物品所设下的限制中，以自我为中心画地为牢。他觉得考问心灵是毫无意义的。他会告诉你，让他一个人好好待着已可以让他满足，只有想接触到物品时他才会走出自己画下的牢界。他从不努力向上，他也从不会有抱负，他只会匍匐前行，而且没有任何想象力，他实际上已经作茧自缚了。

如果一个人某天觉得，他已过了可以梦想的年龄，他再不会在心中建造"空中楼阁"，也不会再尝试刻画他要在未来动手去做的事情，那真是很悲哀的一天。

想象力意味着希望，如果没有想象，那我们不过是行尸走肉而已。

每当听到一些中年人士谈论说他们已经没有愿景、他们可以做梦的好年岁也已经结束，这总是会让我感到很遗憾。当一个人主观上抱有这样的想法，认为到了某个设定的年龄时，他便到达了力量的巅峰，此后不久他的生活就会走下坡路，那实在是没有比这更不幸的事了。其实，我就见过一些已经五六十岁的人士，他们的身心活力和精力比他们十五、二十岁时还要旺盛。我们在所有日子中的状态都该是不断向上的，而不是向下的。生活就应该是不断地攀上高峰，奏着凯歌迈向成功。

对我们来说，没有借口让自己在告别青春年岁之后变得黯淡古板，也没有理由让自己停止陶冶心灵和精神上的修养。我们既有责任去好好享受人生的每一阶段，也有义务让自己于世有益。要是我们自怜自艾、悲观厌世，我们就无法对身处的世界有所贡献，因为抑郁会扼制一个人的能力，更会磨去一个人的锐气，侵蚀其理想。

只要我们正常地生活，并且尽力做好我们手中的事情，二三十年过后，我们累积的经验、知识和智慧，以及我们在长期自律生活中积攒的力量，会充分地弥补我们流逝青春中的敏捷与活泼。只要我们坚守我们的愿景，我们的心境就会保持年轻，而一旦没有愿景，人就会衰老、透支甚至消亡。远大的理想、高尚的思想、高贵的目标、有用的尝试，还有仁慈、乐观，以及开明的思想——这些都可以让人不断成长，并且让人到了耳顺、古稀甚至期颐之年依然青春常在而不是暮气沉沉。

　　你是五十岁还是十五岁，这其实并不重要，只要你放飞自己的梦想，你就很有可能会发掘出一些你原来都不知道自己已拥有的力量。事实上我们很多内在的力量未曾释放出来，因为我们不知道如何可以驾驭这些力量，我们往往也不知道这些力量是什么，但我们总能感觉到躯体之内有一些能量在跃跃欲试，如果这些内在的能量可以被好好利用和发挥，它们会出色地协助我们获取成功的人生。其实，发挥这些隐藏能力的方法就是极尽所能去让你的梦想成真。人脑所能想象到的东西无一是不可能实现的。今日的梦想者就是明日的实干成就者。"他们永远都是让自己梦想成真的梦想家。"

　　心灵就是理念和理想的宝库，是我们职业生涯的设计师，它能让我们成功或者失败，也能让我们身处天堂或是地狱。我们不必等到灵魂出窍那天，才能发现幸福或者痛苦，通过制造梦想，我们此时此地就可以体验不同的感受了。

　　我梦想中的天堂是个美丽得令人难以置信的地方，没有一丝的不安、冲突，更没有灾难与伤痛。在我看来，那样的世界里没人会嫉妒，没人会利用他人，大家只会彼此关心对方的幸福。在我这个梦幻的天堂里，每个人都做着自己最喜欢做的事情，并因此欢欣喜悦，每个人脸上都映照着和谐与友爱的光辉。到处都充满着幸福的气息，矛盾与动荡根本没有容身之处，人们也不知忧愁与失望为何物，恐惧的阴影更是无从降临，这里，大爱至上——这样一个梦幻天堂是有可能出现在这个星球上的。

第三章

机遇在何处

对那些决心要立世的人来说，每一种情况都可以转化为他们的优势。机遇潜藏于人们看到的每一件事物里，人人平等，不多不少。良好的开端，极好的机遇，基本上都存在于我们自身，取决于我们发现并且发展机遇的能力。

苏特尔船长是一位来自瑞士的移民，他在自己四十多岁的时候从一名加州人手里买下了一块地，并在科洛纳的美洲河河畔建立了一座锯木厂，那里离现在的萨克拉门托不过几里路远。那里有一条引水入厂的渠道，一天苏特尔手下的马歇尔在渠道堤边的土里发现了些闪闪发光的黄色小点，于是他搜集了一小撮这东西并把它们洗干净再带回去。那晚，当大家下班之后，马歇尔对他们说："我想我发现了一个金矿。"这就是1848年大淘金热潮的开端，那时来自美国各地的人都拥到了金门。

那个把土地卖给苏特尔船长的人从来不曾想过自己卖出去的是一个金矿。他长途跋涉去寻找一个更好的机会，希望找到一笔比他低价卖出的土地更为可观的财富，可是就我们目前所知，他没有发财；但是从他的老农场中挖出的金矿石据说价值4000万美元。其中一位土地持有人据其所拥有的股份，每15分钟便能从中分到价值120美元的金子，如此盛况不分昼夜地持续了很多年。

猛犸洞窟于1802年现世，七年之后，其拥有者将其以40美元的价格卖了出去。

宾夕法尼亚州的一位农夫以835美元的价格卖了他的农场，并和他的表兄弟一起去加拿大工作——那位表兄弟在加拿大发现了油田。买下这个农场的人在溪边喂自己的牲口喝水时留意到了水面上的泡泡，由此，著名的油井得以见天日，一位地理学家曾对宾夕法尼亚州政府说过，这些油井价值10亿美元。很多看到这些故事的年轻人会说，这些毫无疑问都是些极端例子，在他们的附近不会有诸如此类的潜藏财富。然而，打个比方，财富也许不是以这种形式出现在你的身边，但也许在每一处乡村、每一个小镇里都会有这样那样的金矿和油田。会有其他一些人，更为机警、更为清醒，头脑灵活且眼明手快，在那些你看来十分平常之地，他们却能积累大量的财富与丰厚的声望。

每一天，每一年，在世界各个角落，阿里·哈菲德的故事都在不断流传。

每个人都很熟悉这个古老的东方寓言。阿里·哈菲德这位波斯农民把自己在印度河堤岸边的肥沃农场以不到其价值一半的价钱贱卖了，然后四处奔波去寻找钻石。多年搜寻无果之后，几乎衣不蔽体的他，在饥饿与绝望中客死遥远的他乡。同时，就在那个被他遗弃的农场里，出现了一座座宝山般的钻石矿，大量无价的钻石被开采出来——阿里可没有在这个农场里找到他所热切渴望的财富。这个故事正是《钻石在你家后院》一书的蓝本。

有很多年轻人就像阿里那样，看不到机遇的所在。他们会像阿里那样执着地认为，他们只有远赴他乡才能找到财富——总之一定是别的任何地方，而不是他们已经身处的地方。

大多数人都是对自己身边的机会视而不见。他们没有把握机遇的能力，也没有坚持到时机成熟的勇气，更没有可以发掘出"钻石宝地"的果断行动。

看看今天那些一事无成的人，很多人是让机会从自己手中溜走的；而恰恰是这些机遇让看到并抓住它们的人最终功成名就。

你不必远赴芝加哥、旧金山、纽约去寻找机遇，到处都有金矿钻石待人发掘。无论你是生于粗木小屋还是华丽大宅，是生于城市还是乡村，其实都不重要，只要你有着通过坚持取得成功的信念，你就会找到自己的机会，因为你的生活会受到这种信念的激励。你需要的是对机会的敏锐触觉，对实现远大抱负种种细微迹象的敏锐反应。此时此刻，就在离你不远的地方，就在一个你认为毫无机会的地方，有人正在掘开他的钻石宝库。

在大干线铁路上卖报纸的爱迪生找到了，在电报室工作的卡内基找到了，在费城大街上推车的华纳梅克找到了，在麻省皮茨菲尔德一家小店工作的马歇尔·菲尔德也找到了。

麦考密克在磨粉厂里造出了著名的收割机，他也找到了自己的钻石宝库。迈克尔·法拉第[①]也在试验后的洗瓶过程中找到了自己

---

① 英国物理学家、化学家，也是著名的自学成才的科学家。13岁时便在一家书店里当学徒。书店的工作使他有机会读到许多科学书籍。在送报、装订等工作之余，自学化学和电学，并动手做简单的实验，验证书上的内容。利用业余时间参加市哲学学会的学习活动，听自然哲学讲演，因而受到了自然科学的基础教育。由于他爱好科学研究，专心致志，受到英国化学家戴维的赏识，1813年3月由戴维举荐到皇家研究所任实验室助手。这是法拉第一生的转折点，从此他踏上了献身科学研究的道路。1815年5月回到皇家研究所在戴维指导下进行化学研究。1824年1月当选皇家学会会员，1825年2月任皇家研究所实验室主任，1833—1862年任皇家研究所化学教授。1846年荣获伦福德奖章和皇家勋章。1867年8月25日逝世。——译者注

的"钻石宝库",那时他正在一家药剂店里用平底锅和玻璃瓶做着试验。

机遇无处不在,但它们在我们国家数量更为可观,"美国"就是机遇的代名词。

极好的机遇属于那些能看到并抓住它们的人。其实,机会更大一部分是存在于我们自己的内心里。

当查尔斯·舒尔伯驾驶着公共马车或是在钢铁厂里工作时,周围的很多人觉得他不可能会有什么机遇;同样,卡内基的同伴们也不觉得他工作在电报室里会有什么好机会。毫无疑问,还曾有其他同样在铁路上卖报纸的男孩嘲笑着年幼的爱迪生,笑他那个在行李车里建立起来的、在列车行驶于不同站点之间时用来做试验的怪异实验室。

我记得,当亚历山大·贝尔还是波士顿大学的年轻教授时,他致力于发明电话,那时这事儿常常成为他的学生口中的笑话。然而,当最初的贝尔电话公司上市时,它们的股份在每股25美分的价位上就有资助人承接了。只有年轻的贝尔教授在自己最初的试验中看到了"金矿"。

不少自立成才的人士,在他们还年少的时候就在手推车里、在擦鞋架上看到了机遇,或者就在卖报纸的活计上看到了机遇。很多铁路公司的总裁都是从火车刹车手做起的——因为他们看到了机遇,其他刹车手看到的则只有每周交到他们手里的装着薪水的信封。

机遇在每一个人的手里都可以繁盛起来。我们现在所处的时期,给了那些胸怀抱负、身怀能力的人一个非常美妙的开端——这是自古以来都不曾有过的。一个世纪以前，让人称心如意的工作不过只有六七种，但到了今天，这样的工作有数百种之多。各种从业人士正在各处推翻你的借口——你为自己空洞贫乏的生活找的借口。

就在不久前，一名擦鞋匠在哥伦比亚大学获得了殊荣，一位卖报纸的年轻人同样在布朗大学取得了如此成就。一个出身农家的男孩在耶鲁大学的毕业典礼上带领优秀学生出场，而在这群最出色的学生中包括了一名穷苦的黑人男孩——他是靠着半工半读完成学业的。而在哈佛，黑人学生已经多次被授予了优秀学生称号。那些黑人男孩，他们不仅要面对种族偏见带来的阻碍，还要面对从小就不断灌输到他们脑海中的所谓"劣等"观念，可是如今他们也能取得这样的成就，既然他们能做到，那么，对那些赤贫的白人男孩、女孩来说，他们可没有借口来为自己的不成功开脱了，毕竟相比之下他们有着太多的优势。

我们当中的大多数人都在过分强调机遇如何重要，却轻视了精神的力量，忽视了该用正确的态度来看待生活——但其实这决定了一切。事实上，如果有正确的态度，如果有不断进取的精神，如果能正确看待生活、希望和胜利的期望，如果能乐观并怀有信念，一个人是总能找到很多机遇的。

"每一条街道、每一个转角处、每一条路上都有显眼的机遇"，只是我们往往"视而不见"，我们总是要等到机会远去的时候才看到他们。当一个大好机遇来临的时候，我们不是在空想就是在做白日梦，直到这个机遇离去了才意识到它曾来过，直到已经无法抓住它了，才清楚看到它。看起来，似乎总是要当机遇与我们有一定距离的时候，我们才能看到它们；当它们接近的时候，反而会蒙蔽我们的感官，让我们错误地将它们看成了危难。

有些骡子会认为别的骡子脚下的草儿会比它自己脚下的更为甜美——尽管它们同处一个牧场，它还会尝试着把脖子伸过篱笆的另一边去占有更多的草；作为人类，我们往往嘲笑这样的骡子，但是，我们可以在一种高等动物身上发现这种驱使低等动物越界的特质，这种高等动物就是我们人类。孩子们会厌弃他们的玩具、他们周围的环境，他们会想，要是他们能得到朋友们的玩具，那他们将会高兴得不得了；一个小孩子很快就会丢掉自己正玩的东西，然后跑去抢夺其他孩子的玩具。

我们这些成年男女啊，不过是些年纪稍大的孩子而已。我们总是倾向于看轻自己已经拥有的东西，转而夸大别人拥有的东西，这似乎是我们与生俱来的秉性了。我们当中的大多数人总是通过望远镜的另一头来看自己的财物、自己的周围环境与条件，于是，所有这一切与我们邻居所拥有的比起来，显得又小又低劣——风景总是那边才好，草儿总是隔壁的才多汁美味诱人，于是我们总是伸长脖子用无比渴望的眼神看着"篱笆的另一边"。

我们在每一个地方都可以碰到这样的人，他们总是对自己的命运不满，认为他们要是能到别的地方去或是从事别的职业就会更快乐。他们只能看到自身职业的局限性，却看不到其中所蕴含的机遇——店员完全可以成为演员，厨子可以和女主人换位，管家也可以变成男主人，律师也许会变成医师，医师也可能变成律师。于是，农夫在抱怨自己的艰苦生活，渴望从单调生活中解脱出来，想做个商人或者开厂；乡村男孩则靠在他的犁杖上，无比羡慕地看着城市，他会想，要是他能摆脱农场的苦活，穿上优质的衣服，拿着一把标尺站在柜台的后面，那该多好啊！幸福、财富、机遇，一切一切，都在那边！而在他自己周围的环境里，他能看到的就只有痛苦、劳累、穷困——没有任何值得期待、令人愉悦的事物。而在城市里面，那些站在柜台后面或者高脚椅后面的年轻人则会咒骂眼前这种把他困在砖墙和生意琐事中的命运，啊！要是他能到远方的乡村去旅行，要是他能在农场里自由自在地干活，那该多好啊！那时，生活才会更有意义！可是现在，他没有这样的机遇！

诸如此类无益的渴望——对别的工作、对不可企及的机遇的渴望——究竟浪费了人们多少精力，又虚耗了多少的生命！当你总是尝试去霸占别人的草地却不知道那里可能会有哪些你之前没法看到的苦涩时，当你从不尝试去发掘自己脚下草地的甜美之处、从不尝试去把握自己已经拥有的机遇时，这一切是多么遗憾！

在这个国家中，有太多的农民，因为他们不开动脑筋，所以他们只能在那些可能掩藏着大量矿藏、石油、煤炭的土地上勉力维持着少量的产出，而那些土地本可供应大量物产的。

不要再把时间浪费在空想那些遥远的机遇上了，做好你目前所能做的吧。让你的力量和美丽之花在你身处的地方绽放，让你的生命在命运赋予你的地方散发芬芳。如果你发现自己受困于一个狭隘的环境，要照顾年迈的父母或者残弱的兄弟姐妹，或者要承担房屋按揭的重担，不要绝望，不要对自己说"我把自己的生命浪费在这样的环境里有什么意义？"要知道，历史上某些最伟大的人物正是在类似的拘束环境下让自己的生命怒放并且最终开花结果的。机遇的影响力和好处其实就存在于那些能看到机遇并用好机遇的人身上。你最好的机遇其实就在你周围的环境中。

好好挖掘一下你种土豆的土地吧，深挖下去，你就会发现一个宝矿或者油田，根本不用跑去内华达或者加利福利亚这些西部地区。你不一定就会凭着金矿石或者石油致富，但只要你深耕细作、恰当施肥，你就可以收获大量的土豆。不要对自己宣称自己的家乡没有你的容身之所，也不要说那里没有给你施展才华的空间。

不是说买张车票远赴他乡你就可以达至成功了，要达至成功，通常靠的是一双强壮的手臂和诚实的心灵——而且往往是掩于破旧的衣服之下的。

机遇无处不在——在土地里、在空气里、在工厂商店里、在家里、在农场里，何处没有机遇呢？

对那些决心要立世的人来说，每一种情况都可以转化为他们的优势。机遇潜藏于人们看到的每一件事物里，人人平等，不多不少。有些人因为一幅画而狂喜并且其灵魂会因其而觉醒，而另一些人在同一幅画里看不到任何东西。有些人的生活会因为一本书而改变，而另一些人在同一本书中无从领悟。"机会"掌握在人手里，打开成功大门的钥匙在每一个人自己的心里。

有的人对自己过去生活中的悲痛、罪过以及失败感到厌烦，他们会认为，要是他能有另外一个机会，或者要是他能重活一遍、他能带着现有的知识和经验从头来过，他的生活就会更好。他只会无比悔恨地回忆自己年轻时的黄金岁月，并且悲戚地哀悼那些被他浪费掉的机会，然后满怀希望等着新生活的到来。但是，他已经夹在生活两端的中间，却还渴望着有机会像他所设想的那样有更好的条件过上新的生活，这一切都会是徒劳的。因为他的盲目与无知，他根本没有意识到，新的生活就在他的身边，他应该做的就是活在今天、去抓住当下这种新生活。每一天都是新生活，每一次日出都是世界和个人的重生，每一个早晨都是一个人全新的开始，是他迈向新生活的大好时机，他可以更好地利用过往生活中的经验成果。

如今，我们常常会听说穷困人家的孩子因为经济状况不好或者因为迁移而失去了他们的机会；但事实上，穷苦的孩子从来不缺机会；他们恰恰是文明的脊梁与臂膀。他们总会有机会的，无论是过去还是将来，因为他们会做一些富人们不会去做的事情，为了出人头地，他们会发展自己的力量与创造力，而这是那些富有的孩子不会做的事情，因为这些孩子缺乏动力。

五十年前，有许多可以促人成功的机会存在，可是只有为数很少的人能好好把握这些机会，因为那时，大部分人都对这些机会视而不见，只会回忆凝望1848年的"黄金岁月"。总是有很多人会怀念那些绝好的机会，因为他们不过是在寻觅一些刚刚溜走的机会，并且总是在悔恨他们错失了这些机会。他们会一刻不停地对你诉说那些曾经有过的美妙机遇，但他们似乎没有意识到，就在他们夸夸其谈、不停悔恨他们错过机遇的同时，其他一些机遇也许已经莅临他们的人生道路了。

举个例子，当我们生产的热量中还有百分之八十浪费在烟囱里时，你还能说我们的发明天才们没有机遇吗？每一个机遇都在等待着我们、召唤着我们，祈求我们每一次都能利用好他们。

在我们的生活中，那些大好机遇总是会以琐碎事务的形式与我们擦肩而过，让我们只能为那些看起来非常宏伟辉煌的东西正逐渐远去、枯萎而失望。而能安于完成那些被我们所轻视的琐碎责任的人，则往往名利双收。那些被我们看作毫无价值或者过于琐屑的事情，在我们扔下它们的时候，别人却将它们拾起，并用它们打造出成功。

良好的开端，极好的机遇，基本上都存在于我们自身，取决于我们发现并且发展机遇的能力。有时，这意味着我们要脚踏实地，不畏艰难与挫折做好分内的事儿，有时，这又意味着我们要放下一切，挣脱束缚，勇敢地探索未知领域。蜜蜂从花儿那里采来花蜜，蜘蛛却只能在花儿身上发现毒液；有人用某些材料建起了宫殿，另一些人用同样的材料也许只能建个小屋。同样的方式、同样的事，有人看到了能发挥自己最大潜能的机遇，有人则只看到了困难和限制。

路德·布尔班克就是在麻省菲兹堡一个普通小镇的小花园里以及鳕鱼角的一个农场里发现了他的机遇的——这位杰出的农学家在他的专业领域里以出色的工作领先世界，这些工作指明了通往园艺工业的道路，也引出了后来在圣罗莎的伟大发现。

爱迪生还是铁路上的一名报童时就在行李车上找到了他的机遇。

米开朗琪罗走进圣彼得大教堂的花园并且用自己的双手挖出赭石，还走进梵蒂冈的灌木丛中提炼出那些美妙的紫色、红色、蓝色和绿色颜料，正是这些颜料让他的画作闻名于世。

班扬[①]就是在贝德福德的监狱里，用送到他牢房里的牛奶瓶上的纸塞，摊开之后写成了最出色的寓言。

其实，成功最重要的因素就是要紧紧跟随那些小小的机遇。只要我们把小事做好了，大事自然而然就会平顺发展的。

有成千上万的成功人士，他们不过是把最普通的事情做得比其他任何人都要好、把最卑微的工作做得前所未有的优异，他们便因此找到机遇了。可见，很多成功都是从某些相较之下无足轻重的事情中演化而来的。

养成习惯，随时对机遇保持警觉，敏捷地抓住它们，并且充分利用它们，这样可以带来更多的机遇与力量。根据"舍与得"法则，用得好的机遇必然能敞开大门迎来其他新机遇。

每一笔买卖都是一位商人成功的机遇，每一位顾客都可能带来另一位顾客，每一次宣传布道都可能实现更大的用处、通向更广阔的领域；每一笔业务都可以展现出你的礼貌周到与昂然气概，展现出你做事有条理，一切井然有序，都可以是让你结识朋友的机遇，而这可能会带领你进入更广阔的领域。交托给你的每一份责任都会让你有机会接受更重大的托付。所以，一定要在你的工作中展现你的品质与人格魅力，提升你自己的能力，以此为自己打开通往更高

---

① 约翰·班扬（1628—1688），是英国文学史上著名的散文家、小说家。他的职业是小炉匠。他青年时期正值英国资产阶级革命，被征入革命的议会军，离开军队后，在故乡从事传教活动。1660年斯图亚特王朝复辟，当局借口未经许可而传教，把他逮捕入狱，监禁了十二年。其作品《天路历程》写基督徒及其妻子先后寻找天国的经历；班扬的语言功夫主要得力于民间口语和《圣经》，特点是简单、明晰、生动、有力。尽管他距离文艺复兴不过100年，距离今天将近300年，但在风格上更接近现代散文。——译者注

境界的道路。

对一个人而言，最好的机遇就是那种让他发挥出自己所有潜能的机会。机遇不是自己长腿走过来的，它们是"创造"出来的——它们与你投入到其中进行创造的才能和努力成正比。

你曾听说过有人靠着等待顺境出现、等待机遇降临而取得成功的吗？记住了，任何事物都是要靠着比这事物本身更有力的外力推动才来到这个世界的。

我经常收到一些年轻人的来信，他们会在信中流露出对各种局限的厌烦，备受所谓的有限机会、破敝工具的困扰。他们总渴望着有更广阔的天地，他们抱怨说自己天赋被压抑着、才能被束缚着，在如此狭隘、单调的生活中，他们根本没有机会做成任何大事。

我追踪了这些爱抱怨的年轻人的职业发展历程，但我从来没有在其中发现哪怕一个人，可以在进入更广阔天地时取得更多的成绩。

这就是规律，我们必须要自己打开身旁的机会之门，这样前方的机会之门才有可能向我们敞开。

空等机遇只会消磨抱负、虚耗精力，我知道有些人，等了那么多年就为了等"一个正好适合的机会"，然而，年复一年过去了，他们等来的只是热情消减、精力衰退。就如谚语所说的"等蠢材做好决定的时候，机遇早已过去"。

可以肯定的就是：这个世界做实事的人都是创造机遇的，他们从不空等，他们只会挖掘机遇、争取机遇，并且为之奋力向上。

千千万万渴望得到"运气"并且对助力别人先于他们成功的"运气"大加感叹的年轻人，他们中很少人会想到，同样的"运气"就在他们身边，前进的力量本就在他们掌控之下，机遇就在这种正沉睡的力量中——他们必须唤醒这种力量，否则他们永远都会一无所成、默默无闻。

卡莱尔说过："我曾从一名渴望飞黄腾达的男人的脸上和眼里看到光彩。"其实，任何一个有这种光彩的人，只要他知道如何将这些光彩运用到现实中，他将会被这份光彩引领着实现"飞黄腾达"的。

最伟大的力量，不存在于雷电中，也不存在于火山的焰火中和欲要制造破坏的暴风雨中，而是存在于大自然最为平静、不易察觉的运动中。科学家们让我们知道，几亩地上青草生长时所产生的化学力量已足以让全美国的所有机械运转起来。然而，如果我们走到草地里去倾听，我们只能听到鸟儿的歌唱、溪水滑过卵石时的呢喃，或者风儿掠过草尖时的沙沙声。除此以外，一切静谧平和，但我们能感觉到，我们身处一股强大的力量中间，令人惊叹的生命活动就在我们脚下发生，这些活动可以让最伟大的科学家都无比惊讶，可以让最博学的哲学家都无比痛苦——痛感自己的学识原来是如此有限。

有些力量，可以焕发阳光的色彩，可以从黑土地中提取精华与食物，能用绚丽的色彩为花叶上色，这些才是真正的力量，让我们惊叹与钦佩；而如果我们能正视并且驾驭这些力量，那又会怎样？所有这些力量都是无声地自然而然运转的，然而正是这些力量，能够摧毁阿尔卑斯山，也能把大洋从海床上掀起！

我们自身蕴藏着力量的宝库，我们能让自己成为怎样的人，我们的生命能取得怎样的成就，我们可以为世界做出怎样的贡献，全部取决于我们能在多大程度上把自己的潜能发挥出来，能在多大程度上把握好上帝赐予我们的机遇。

第四章

品德的胜利

　　我很肯定，大多数年轻人在研究林肯的时候都会找到一些他那堪称天赋的惊人的领导才华，但是，他的品格中最为突出的是他的勤奋、认真，他的无私奉献以及慈爱，他的正直、纯朴，他的坚忍不拔，他对公平正义的追求，他的自我奋斗精神和志向以及他对圆满生活的追求。这些才是他的典型特质，而穷苦人家的孩子们一样可以培养出这样的特质。

　　一天，约翰·拉斯金①正和一位朋友走在伦敦的狭窄街道上，朋友则不停地抱怨那些黑灰烂泥。善于从平庸事物中看出美好之处的拉斯金面带微笑地说："事实上，我们是走在美钻宝石之间。"朋友闻言一脸惊讶，拉斯金则继续说道："你也知道，这些黑灰其实是钻石的远亲，而用这些黏土、沙子生产出来的制成品则被我们称作珠宝。所以，我年轻的朋友啊，在我们身处的世界中，其实并没有什么是真的平庸或者肮脏的，往往是那些在我们看来普通至极的东西最终会被发现是最有价值的，要是我们能有足够的耐心和意志去竭尽全力发现它们的内在，那该多好！"

　　如果我们能看清楚生活中普通事物之间的关系，能看清各种人物的所谓平庸特质，一如缔造一切的造物主所设想的那样，如拉斯金一般看到黑烟与钻石之间的亲缘关系，那我们将会如何改变我们

---

　　① 约翰·拉斯金（1819—1900），英国作家、艺术家、艺术评论家 。1843年，他因《现代画家》一书而成名，书中，他高度赞扬了威廉·特纳的绘画创作。这以及其后的写作总计39卷，使他成为维多利亚时代艺术趣味的代言人。他是拉斐尔前派的一员，本身亦为天才而多产的艺术家。——译者注

的生活并使之充满荣耀呢？这将会使最为无精打采的人为之一振，也会使灰心丧气的人重新信心满怀；这一切会给人类社会下层最为卑微的工人展示出无限可能的远景，让他们当中每一个人都情不自禁地要努力上进，要实现他可能实现的最远大成就。

科学家告诉我们，我们之所以在很长一段时间之内无法探得自然的奥秘，完全是因为我们在运用方法进行推理时不够单纯，研究人员总是在寻找所谓的不寻常现象、复杂的东西；而自然的法则却往往极为简单，如此一来，人类往往更容易忽略它们。

生活给每个人准备的幸福与成功从来不会落入大多数人手里，因为这些人会认为，获得这些幸福与成功的方法必是非常困难而且错综复杂的。他们认为，幸福与成功只属于那些口含金钥匙出世的人，或者是那些获得老天特别垂青因而天赋秉异、高瞻远瞩或才华横溢之人。

我们当中太少人能认识到，成功之门其实一直在向每一个人洞开，而成功本身不是以实现了多少辉煌成就来衡量的，也不是存在于巨量财富、名誉或者权力中的；每一个正直热诚、竭尽全力的人，只要履行好每一天都要履行的普通责任，过好每一天简单的生活，成功都将是加冕于他们头上的皇冠。衡量成功，靠的是灌注于实践中平实而朴素的美德；靠的是把每件事一步做到位的努力；靠的是在每一笔交易中谦虚谨慎的同时信守承诺；靠的是用真诚对待友谊并且能雪中送炭；靠的是将发挥我们全部的潜能去履行我们的义务，做个高贵并且终于最高理想的人；当我们做到上述各项时，我们便会拥有成功的人生。

如果每一个人都能好好审视自己，都能清楚地看到自己潜藏的无限可能，并且投身于自身才华的挖掘培养中，那人类的文明将大步流星地迈向下一个千年。

很多人或许都会有这么想，要成功，就得做出些惊天动地的事情，取得成功的人必然都是天赋超群的人，不然的话，不可能取得成功。年轻人总会在心里给成功人士套上一圈光环，并赋予其超乎常人的特质——普罗大众并不具有的特质。要说服普通人相信他们心目中的偶像并非超人几乎是不可能的，他们只相信偶像是半神，拥有他们所不具有的神授能力，他们会认为，尝试去效仿他们是徒劳无功的。

当我尝试去激发年轻人们的抱负时，我常常听到的是他们这样那样的反对之声，"唉，我又不是个天才，我只有些很普通平凡的能力"，或者"要是我有华纳梅克、罗斯福或者林肯那样的天赋，或许我可以做出些成绩来的。可我只是个普通人，学得又不快。我只受过普通的教育，从来没有想过能在世上出人头地"。

事实是，大多数为人类带来福祉的人，他们难以称得上是天才。就以乔治·史蒂芬森①为例吧，他可不是什么天才，而且到了二十岁时他还不会读书写字，但是，那座屹立于纽卡尔斯的桥，就

---

① 乔治·史蒂芬森（1781—1848），英国铁路机车发明家。1781年6月9日生于纽卡斯尔附近的维拉姆，1848年8月12日在切斯特菲尔德去世。史蒂芬森早年做过煤矿的火夫、泵机手和钟表修理工。1804—1806年在煤矿任过蒸汽机司机，1811年改进过一台纽科曼蒸汽机。1823年，他与别人合作在纽卡斯尔成立铁路机车制造公司。他们制造的铁路机车所牵引的列车，于1825年9月27日试车，载客450人，速度24千米/小时，取得良好成绩。1826年，史蒂芬森为利物浦至曼彻斯特铁路线制造铁路机车。1829年10月6日，在竞选优秀铁路机车的比赛中，他和他的儿子R.史蒂芬森设计和制造的"火箭"号铁路机车，以时速58公里的优异成绩获胜，受到了全世界的注意。——译者注

是用来纪念他这位通过普通的能力实现了非凡成绩的人。

约翰·哈佛是个毫无前途可言的年轻人，但是他创立的哈佛大学却是缔造美国文明的最杰出的高等学府之一。

格兰特在俄亥俄的学校就读时并无甚过人之处，可是当他成为白宫的主人时，当年的班级领袖只是在同一所老旧的校舍旁边经营着一个占地四十英亩的农场。

看吧！我们根本就没法判定那些所谓"愚钝"的孩子或者"笨蛋"们将来会取得怎样的成就！

苏格兰圣人查默斯博士就曾经因为"愚笨"从圣安德鲁学校被赶了出来，但是后来，他对数学精通非凡。

另一位出色的传教士亨利·沃德·比彻①在年轻时就曾被人认为是笨蛋，他那闻名遐迩的姐妹斯托夫人曾说："亨利那些偏心的朋友们从来不会预见他能有一个光明的未来。他有着精准的组织能力，可是这些素质在年少时会被人看作是迟钝。而且他的语言表达能力、记忆力也不好，这可是跟随他终身的缺陷。他对暗含讽刺的批评极为敏感，也十分羞怯，却有着一股强烈的渴望，有着尚未展露的激情，可是那时他既不明白也不会将这种激情表达出来。这个含羞得看上去有点恍惚的男孩赤着脚在那狭窄细小且没有油漆修饰的校舍里啪啪作响地来回踱步，在拼写课和阅读课的课间里他会用

---

① 亨利·沃德·比彻（1813—1887），是一位美国牧师。比彻是他所在时代最雄辩的演说家之一。他在全美国和英国做了关于道德和公共事务的讲演。比彻支持许多改革和运动。他强烈反对奴隶制度。在南北战争期间，他在英国做出一系列演讲，呼吁支持北方。比彻有许多著作，并在1861—1864年任《独立报》编辑，1870—1881年任《基督教联合会》编辑，1874年，他被反对他的通奸丑闻的指控所累。紧接着是轰动一时的审讯；陪审团无法就裁决达成一致意见，此案被驳回。——译者注

棕色的毛巾或者蓝色格子围裙将自己包起来。他的状态只要安全、健康，大人们就觉得够了，不会再去想他的未来该会是怎样的一番情景，更不会费心去打探一下他究竟是怎么了。"

哈佛大学的威廉·詹姆斯教师在他去世前不久曾写过一篇令人瞩目的杂志文章，文章的主旨就是人们应该将自己所拥有的巨大能量更多地发挥出来，应该打破"安于低劣的习惯"。这篇文章广受传阅，显示了人们对文章所传递信息与智慧的渴望——从根本上讲，那是关于希望的信息和智慧——那是关于民主的信息和智慧，是对普通人发出的向更高境界进发的呼唤。而将文章主旨实践于现实中的机遇就在这里——对那些已经做好准备要抓住机遇的人、那些在听取了如此激动人心的呼唤之后热切盼望能通过努力摆脱自卑深渊的人来说，它就在这里。

绝大部分为让这个世界得益的人，他们可不是什么天才，他们不过是殚精竭虑地将自己的平常能力与普通才能加以发掘、并发挥到极致而已。而"天才"们常常会遇到的麻烦就是他们总有这样那样的弱点会使他们身受挫败，例如缺乏常识、判断力和主动性。换句话说，所谓"天赋"，往往只是某一方面的过人之处，也就是说，如果一个人某种或者多种能力的过度开发，不可避免地要付出相应的代价——在其他某些方面发展不健全或者是存有缺陷。

卡莱尔是如此定义"天赋"的：那是一种下苦功的无限能力。对我们当中大多数人来说，困难只在于我们根本不愿意去下苦功。我们太过懒惰，根本不愿意动手去做艰难的工作，也根本不愿意效仿那些最大限度地发挥出自身潜能的人们，为了自己的终生职业而去接受严格的培养与训练，也不愿意为了服务人类尽自己最大的努力，因此也就无法成为一个标杆式的人物，无法激励后来者。我们总是希望会有人来鼓励我们，帮我们省却修身过程中的种种费力工作。即使是那些心怀远大抱负的年轻人，他们也很少会愿意为了实现真正的成功而在艰苦的工作、严苛的培养中付出心血——那是不以银行账户存款或者办公室高职来衡量的成功，那是以个人品格、自我增值以及对社会所做贡献来衡量的成功。

年轻人，你们可以记住的最为鼓舞人心的事实就是"前人能做的事，后人也能做"，只要人们愿意为此付出努力。取得杰出成就的人可不是些被摆上神座供人致敬的特例，他们也不是平凡人类之外的特例。

每一个普通人都可能取得的成功是由那些极为平常的因素打造的；它就是各种简单美德与才能在实践中的加总：合理判断、诚心诚意、坚持不懈。

只要我们深入分析一下大多数人的成功，就会发现，它们就是对各种机会合理的判断、对生活的各种常识的理解与那些最常见品质一起在非凡实践中结出的果实，幸运的是所有神志健全的人都会或多或少地拥有这些常见品质。

一位作家最近分析过西奥多·罗斯福的品德和生涯，之后他坚持认为，罗斯福的资质实际上根本和其他普通人无甚差别，说不上是特别出众；所以这个取得了各种不同成就的人，其实是在实践中通过各种平凡的磨炼塑造而成——只要愿意让自己的能量发挥到极致，任何一个普通人都可以借鉴他。

正如这位作家所指出的，当罗斯福还是哈佛大学的学生时，他无论在学术方面还是运动方面都无甚建树，他从来都不是一个好的枪手，并且他自己也承认视力不好、手"不太稳"，但是通过坚忍不拔的长期训练，最终每一种猎物都逃不出他的手心。而作为一个改革家，他虽然从来不曾像萨伏那洛拉和温德尔·菲利普胸中充满熊熊燃烧的斗志，但他也实现了很多良好改革。他是个英勇的士兵，却不曾表现出任何军事天赋。那位作家最后总结到：简言之，罗斯福的一生就是个例子，说明寻常人热切殷勤地发挥自己的能力并且全心全意地做好自己手上的工作时，他们将能取得怎样的成就——这个特别有趣的例子实际上是对他人的一种鼓舞。

曾经做过总统的罗斯福曾这样睿智地向一位对他成功的生涯表达了仰慕之情的人做出回应："在我看来，要想在生活中取得成功或是类似的人们口中的'卓越成就'，途径无非有两个。一种就是去做些拥有非凡能力的人才能做的事情——当然，这就意味着，只有很少的人可以做得到，而此类成功或是卓越成就往往都是很少见的。另外一种就是去做些大多数人都能做的事情——事实是，只有很少人真的会去做这些平凡的事情，大多数人往往半途而废，搁浅在通往成功之路上。而恰恰是这些平凡的积累才成就了所谓卓越的人生。"

罗斯福曾这样形容自己："我不是天才。我所谈论的也不是什么新鲜事，只是黑白曲直的原则。"他总是在宣扬要把平实、寻常的美德应用到实践中——要有常识，要诚实、真实、认真、坦率、公正、有风范；然而在美国历史上，很少有人所说的话能与他的话一样有分量，能像他的号召那样获得广泛而及时的呼应。

把寻常品质加以深度发掘，再投入非凡的努力，那将会有怎样辉煌的成果啊！罗斯福就是一个很好的例子。

在林肯前往纽约在库珀联合学院① 发表他的著名演说之前，他深感困扰，因为他觉得，那些广受人们尊重的公众人物一定会让他极其难堪的，因为他很少去外地，而且和其他许多的年轻人一样，夸大了那些公众人物的重要性和卓越之处；但是，当他从那里回来之后，那些曾在他的想象中被放大的"巨人"们，已经缩小还原成真实的普通人了。因为他发现，在那些曾被他看作远远高于自己的人面前，他依然可以自持而应付自如。

事实是，那些所谓站在世界风头前沿的大人物们总是会被其他人过分高估；尤其是年轻人，他们一方面非常仰慕成功的大人物，另一方面却又从不尝试并坚持去做受其仰慕之人所做成的事情。

在过去的两代美国人中，恐怕没有谁能比林肯拥有更多的仰慕者了。绝大多数的人都将他看作了天才、看作是奇迹、看作是注定要取得诸多成就的人。然而，要是我们好好分析一下，我们就会发现，他拥有最简朴的美德，最为寻常的资质，却极为勤奋用功——那些远远地仰望他、把他看作半神的穷苦孩子们其实也拥有同样的资质。他的伟大生涯和令人惊叹的成就无一不是他那种至精至诚、不懈献身的反映——这就是他将自身所拥有的才华与能力最大限度地发挥出来所得到的胜利。

我很肯定，大多数年轻人在研究林肯的时候都会找到一些他那

---

① 库珀联合学院，是一所私立大学，在纽约市。

堪称天赋的惊人的领导才华，但是，他的品格中最为突出的是他的勤奋、认真，他的无私奉献以及慈爱，他的正直、纯朴，他的坚忍不拔，他对公平正义的追求，他的自我奋斗精神和志向以及他对圆满生活的追求。这些才是他的典型特质，而穷苦人家的孩子们一样可以培养出这样的特质。

让他超凡脱俗并且成为历史巨人的，是他的远大志向和他对各种简朴品德的糅合。他不追名逐利，也不贪恋权势，他的志向从一开始就是要尽量发挥自己的潜力。他只是想学到一点东西，想自立于世，想从卑微的环境脱颖而出并为世界做些贡献。他的最高理想只是要做好事，要对"伟人"这一个词做出最充实饱满的诠释，要追随上帝之子耶稣的足迹。

同样，杰出的画家艾德文·奥斯汀·艾比[1]也是不屈不挠、奋发向上的大好榜样，而不是天才的样板。在他的画作中，艾比并非什么超级大师，但他总是努力在画布上展现自己的想法以及艺术能力，而不仅仅考虑钱财的问题。早年他为哈珀兄弟出版公司制作黑白插画时，他的朋友们曾告诉过他，他完全可以不用如此费力去精心地画每一幅画，而且还可以获得更多利益回报，但是他不为所动，他不愿降低画作的质量。他从来都是竭尽全力去画的，而且，他常常会撕毁一些他认为未能完美表达出他对的想法与期望的作

---

[1] 艾德文·奥斯汀·艾比（1852—1911），美国插图画家、油画家。他以描绘17、18世纪英国生活的钢笔画而闻名。他的插图作品包括《屈身求爱》（1886年）、《老歌》（1889年）以及莎士比亚的众多戏剧。艾比出生于费城。曾就读于宾夕法尼亚美术学院，后来担任《哈勃周刊》的插图画家。1878年艾比定居英国，1898年入选皇家学院，1902年入选国家艺术院。他的历史题材作品包括很多墙壁装饰画，如在波士顿公共图书馆的《追寻圣杯》。——译者注

品。他从来不会冒着毁掉自己声誉的风险去出售一幅不能代表他最高水平的画，因为那样也会毁掉他的良知。

艾比先生就是以勤奋工作著称的成功典范，他的名声来源于其终生不懈的勤奋。他的非凡成就正是他那些寻常美德与自身能力发挥到极致所结出的正果。

我们中的大部分人都不愿意诚实地对待自己，总是希望找到成功的捷径。我们总是会尝试依赖某些业已存在的模式来获取成功，希望不用那么拐弯抹角，希望过程不会那么漫长，那么艰苦乏味。我们一心想着要到达成功的彼岸，却只想坐顺风车前去。当我们没法如此轻松地达到目的时，我们就会归咎于运气不佳或者命运多舛，抑或是周围的艰苦环境，因为我们潜意识里依然有"安于低劣的习惯"。我们不是倾尽全力去承担艰苦工作并且持之以恒，相反却总是虚耗着时间，期望有某种无穷无尽的神秘力量来帮我们做成我们想做的事情，同时忽视了培养那些真能帮助我们成事的才艺。我们不愿意用好手上已有的机遇和工具，甚至没有睁开过眼睛、运用我们拥有的常识，如果不是这样，我们或许早就可以认识到，成功的不是那些能够制造火箭的所谓天才，却恰恰是那些"永不放弃"、顽强跋涉在路上的普通民众。

有时想想，觉得真是难以置信，现在居然还有那么多的人依然沉浸在错觉中，依然信奉神秘的力量、信奉运气或者机会，希望得到一笔故去前人留下的财富，或者得到贵人襄助，认为只有依靠这些才能让自己在事业上取得成功——偏偏与此同时，每个人手上都有与这种错觉恰恰相反的极好例子。

以丹尼尔·韦伯斯特①为例子，少年时期的他实在没有什么过人之处。他曾被送到新罕布什尔的菲利普艾斯特中学就读，可是在那里待了没多久，就有邻居看到他哭着走在回家的路上，于是邻居就问他为什么要哭，他说，他绝望了，他不觉得自己可以成为一个学者，因为他的成绩总是排在最后并受到同学们的耻笑，所以他决定放弃，要回家去。那位邻居劝说他回到学校，再多尝试一次，看看努力学习能给他带来什么结果。他真的回去了，并且决心在学习中脱颖而出，不久之后，他真的做到了长期名列前茅，让那些喜欢嘲笑他的人无话可说。

每隔一段时间，我都会收到一些年轻人的来信，说是如果他们能肯定自己会成为下一个法律界的韦伯斯特、发明界的爱迪生，或者是华纳梅克那样的富商，他们肯定会全身心地投入到学习中，将他们的精力和时间都贡献给他们的工作，并会带着极大的热情专心致志地工作，为了实现前人已经取得的成就，他们愿意做出任何牺牲，愿意经历任何艰难困苦。但是，他们觉得自己没有那些非凡的能力和惊人的才华，简言之，他们觉得自己缺乏那些天赋——让爱迪生等人在各自的领域成为翘楚的天赋。

其实，我们当中大多数人都是心怀偏见、一叶障目，所以我们不能理解自己拥有哪些成就某些我们未曾做过之事的能力，并且为之目眩，因此自然而然地高估了这些能力。如果年轻人能够不将眼光长期集中于那些比他们稍微出众的人物身上，能够好好审视自己

---

① 丹尼尔·韦伯斯特（1782—1852），美国政治家，曾两次担任美国国务卿。——译者注

并且用好自己已有的资源，他们将会惊喜地发现，他们自己所拥有的能力和天赋，很可能还远远高于那些经常受他们仰望和崇敬的人所拥有的能力和天赋。

我坚信，就在马歇尔·菲尔德和华纳梅克的店铺中，有些店员天生就有足够的能力，只要他们能发现这些能力并用好这些能力，他们就能成为了不起的业主，而不是年复一年地留守在雇员的位置上。有很多在底层职位上埋头苦干的人其实都有足够的才华来出人头地，可是他们要么对自己信心不足，要么就是不愿意为了实现抱负做出更多牺牲和付出。

另外，也有太多东西束缚了人们对生活中高尚品质的追求，太多人为所谓的"成功"挣扎着——这里说的成功只意味着积攒钱财或者遗臭万年。

在乡村里，我们时常能看到人们为了能在树上采摘一束鲜艳的花朵而踩踏那些雏菊、紫罗兰，以及其他可爱美丽的野花，这太常见了；而那些采摘来的花朵，也许还不及被他们踩在脚下的花朵来得姣美可人。同样，很多人也会在努力实现某些不同凡响独特事业的过程中，忽视了那些寻常的美德，并因此失去了他们本该唾手可得的幸福与成功。

我认识一个人，他从来不曾在哪怕是乡村小报上露过脸，在他身处的小村庄外，无人认识他，他靠每日的工作养家糊口；但他是一个真正成功的人。尽管他的薪水微薄，但是他想尽办法为妻儿营造了一个舒适的家，并且每年都能存下一点东西。他总是想着要让自己的家人和身边的人们快乐，而不是想着要飞黄腾达。他把孩子养大，并引导他们自立、节俭、勤奋，让他们成为良好公民，他以这一切为荣。他教育他们，一生当中最划算的投资就是自我增值、不断提升自己，让自己成为一个对社会有用的人。

他不期望孩子们功成名就，只希望他们能过上纯朴、正直的生活并履行自己的义务，希望他们能为了维护真理、正义而勇敢无畏，希望他们从不推卸自己对世界应负的责任。他工作辛劳，但是干得非常快活，他最大的快乐就是在每天完工后，能回到家中与妻儿团聚，并且能在他那个小而精彩的图书角中享受那些在他眼中比金子还珍贵的藏书。他在他的社区中备受敬重，他的看法在认识他的人中也颇有分量，因为在每件事上，无论于公于私，他都绝对诚实可靠。他的朋友们都很喜欢他，因为他总是乐于助人，心地仁慈且为人着想。他从不在背后对他的邻居说长道短。总而言之，他极有气概，总是忠于他最好的一面，说话行事都均以坦率、正直为先。如果连他的生活都不算是成功，那世上就无"成功"二字了。

我们可以在每一个社区中找到类似这样的人，他用寻常美德的陶冶向我们展示了，要获得生活中最好的东西，其实是一件多么简单的事情啊！

谈论起他作为运动员所取得的成功时，罗斯福先生曾说："任何一个勤奋、健康的人，只要他热爱户外活动，即使一点也不像个运动员，他也可能取得我所取得过的成绩——只要他愿意，并且做出了选择，我的意思是，选择了必需的勤奋、判断力和远见，这都不是些引人注目的特质。"

在力所能及的范围内，选择你所想的，并且为之发挥出你所拥有的能力，最终你会树立你的名声的。

问题就在于，我们过分强调那些巨大能力，却不去关注那些寻常易见的品格因素，恰恰是上述这些平凡的品格因素才是成就圆满生活的秘密。

因为过分追求结果，追求实现一些伟大惊人的事业，我们通常会忽略寻常美德的极端重要性，也忽视了那些累积起来便可以让我们的生活变得瑰丽的小小成功。而在追寻所谓的更伟大、更为耀眼事业的过程中，又有多少人到头来会惊恐地发现，他们在疲惫的追求过程中已经失去了太多——失去了甜蜜；错过了美丽、可爱的风景，为了追寻虚伪的成功，丢弃了真正的生活。

归根结底，锻造最高贵的品格，实现最伟大的成功，并没有什么高深的秘密可言；一切都是悄无声息的，不用声嘶力竭地向世界宣布，只要自然地将最普通、最寻常的品德融注于实践中就可以了。

第五章

坚持到底缔造奇迹

　　作为人生一大规则，坚忍不拔在世界历史上所造就的奇迹要远远多于人们凭借卓越才华或者天赋而创造的奇迹。坚忍不拔让大量本来目不识丁的人受到了良好教育，也让人们通过已经拥有的东西获得巨额财富，让不可能的事情得以成真。

“现在，你该承认跑不过我了吧，不是吗？”一个人对一位勇敢的荷兰老人说道——他已经连续十二次在超级马拉松中跑赢了这位老人。可是他得到的回答是：“不！我从不承认自己被打败了，我不会放弃的。”

要成为宗师级的人物，就要坚持到最后尽力去完成自己所承担的使命。无论面对多么重大的挫折，也无论前景多么渺茫黯淡，都能坚持下去、不言放弃，这是取得成功所必不可少的一项品质。

斗牛犬是所有犬类中最令人畏惧的犬种，因为当它咬住某样东西的时候，想要从它口中夺下来几乎是不可能的；犊牛头犬也有这样的特性。如果人类凭借着坚持、凭借着斗牛犬般的坚持也可以实现很多令人惊叹的成就。

成功并非存乎于顺境中，也不在于经济状况的好坏或者权势的高低，更不在于来自他人的投资或认可，而是恰恰存在于我们自身中，依靠我们的坚忍不拔以及不达目标永不言弃的坚持，正是这些坚韧与恪守，可以让我们面对逆境与阻力而不退缩。我们应该鼓励年轻人培养这种斗牛犬式的坚持，直到这些品质已经成为他们习惯的一部分并能清晰可见。

哪种品德是最受世人广泛赞赏的呢？是对目标始终如一的坚持，是永不退缩、永不投降、永不逃跑的大无畏决心——在别人退却的时候坚定向前，在别人放手的时候紧紧抓住一切。一个永不退缩的人无论走到哪里都会广受欢迎，令人刮目相看的。无论有多少人已经饭碗不保，每一个雇佣办公室的门外仍会贴出招聘信息招募那些能够坚持到底的人，它的门会永远为这些意志坚定的人敞开。

不言退缩的坚韧特质从来都不是形单影只的，总会有其他相近的特质与之如影相随——因为这些都是成功者共同的特质。

那些取得过重大成就的人们，或许也有很多的弱点和缺陷，有些特征可能不那么讨人喜欢，但他们肯定拥有着某些突出的优秀品质，这些突出的品质相比那些弱点和缺陷是显而易见的，以至于让那些弱点和缺陷黯然失色、不值一提。大成就者不仅仅有韧性，而且刻苦勤奋并充满自信。

我们当中的大多数人会高估了金钱与权势的价值，以及来自他人外部推动力的作用，同时大大低估了我们与生俱来的内在潜力。年轻人尚未能认识到，就在平凡的毅力中、就在简单的坚持直到胜利一刻的过程中，蕴藏着相当巨大的力量。

不久前，我曾在一个大城市里看到一家银行外悬挂着一句这样的标语："所有能发生在这家银行身上的事情都已经发生过了。"因为这家银行已经关门了好几次但每次都卷土重来了。

人能拥有的所谓"天赋"，就是这样一些特质，能让他在经历过一个人所能经历的一切事情后依然健在。你可以通过观察一个人在失败之后——当周围的人都放手背弃他时——通过他所做的事来衡量他的勇气。毅力可以让一个人在失去其他心理素质的时候依然能坚持下去。

坚持！坚持！下定决心，鼓起勇气！要是我们在遇到困难时放手，我们的勇气就会消失，我们的决心和意志也会受到削弱。无论你觉得前景有多么黯淡、难以捉摸，你都要坚持，因为这样可以保持你的胆量与自信，并且最终帮你铺出一条康庄大道。即使在你寸步难行甚至无法前进的时候，你也要站起来，坚持面对你的目标，也许下一秒就会出现转机，一切都是海阔天空了，因为就在长期的坚持和积累中我们已经汇聚了巨大的创造力，这份创造力会在我们坚持过程中的某一刻发生质的改变，适时地爆发而改变你的境遇。转机之所以没有到来是因为你的坚持和积累还不足以让这种内在的创造力转化成外在的成果，而你需要做的就是坚持。

一位杰出的芝加哥人曾因为起重设备失灵而被困在了矿下，当时他发现，自己身处六百英尺深的地下，而且除了一架梯子之外，他别无其他逃生之法。在整整爬过了三百英尺之后，他在一处着陆点仰望顶部时只能看到一个小小的出口，看起来不比一个硬币大多少，在耗尽自己的全部体能之前，看上去几乎没有什么希望能到达那个出口。但他对自己说："我只需每次跨出一步，并且一直继续下去。"于是他继续攀爬，慢慢地、一步一步地，直到最后，他终于爬到了地面。

对大多数人来说，问题就在于，当看到光明如此遥远、看到自身与目标之间差距甚远时，我们就开始变得不耐烦了，而那不过是因为我们没法大步流星地靠近目标。

我曾和许多"穷困潦倒"的人聊过，他们在回忆过去的时候，几乎都无一例外地会说："我多希望在开始了之后能坚持下去啊！"可是这个过程中的一开始，他们就认为自己走得不够快，再看看遥遥而不可及的目标，就变得灰心丧气，掉头离开了。就这样，在没有坚持到底看到成果之前，人们一次次终结了自己选择的每项事业并且忙着奔向下一个新的目标。

从古至今，考察那些退缩者、半途而废的人，他们是永远不会实现任何目标或者取得任何瞩目成就的。他们总是喜新厌旧，这样缺乏耐心的特质使得他们的生活变得支离破碎、断断续续，塞满了种种未完的任务。他们对很多东西都是浅尝辄止，一旦遭遇困难、荆棘就立即退缩掉头；他们总是无法走进花丛中，也无法在职业生涯上有所收获和提升，因为那些收获都是来自靠长期的培训和积累的经验而产生的杰出能力和从容。他们做过了最为艰难的工作，取得一点突破，然后在还没品尝过自己播下的种子所产生的成果前就放弃了。

据说，很多坚持到底的采珠人，都是在其他人沮丧地放弃之后采到了价值连城的珍珠——发现那样的珍珠不过是需要再下水一次而已。可见，在每一个行业，都是那些能够坚持到底的人获得了巨大的奖励。

如果不是华盛顿的专利局气贯长虹的勇气在坚持，如果没有那种斗牛犬一般的意志，现在大概也没有多少专利可以留下来。

我们不会有海底电缆、电报、电话，也不会有无线电报，缝纫机、摩托车、飞行器，气闸和邮轮，事实上，我们的文明可能还会停留在一个蒙昧的状态，无甚舒适或者豪华可言。如果不是有前人的坚毅，我们可能还得坐着马车在长途旅行，或者要驾着帆船去航海。坚毅和胆量成就了所有一切让生活如此美好、令人留恋的东西。

前不久，我曾问过一位男士是否完成了大学学业，他说："没有。这是我的痛处。我在大学一年级的第一个学期就辍学了，因为我很想家，而且对自己的成绩灰心了。从那以后，我一直为此而自责。如果那时我能坚持下去，现在的我也许就会是某位成功人士了。"年轻时的摇摆不定就这样葬送了这位男士拥有辉煌事业的可能性，放弃从一开始就扼杀了他的机会并毁掉了他的未来。

现在这个国家里有很多类似的人，他们都是在年轻时因为思乡或者灰心丧气而轻率地放弃了远赴他乡的求学，且自此再没有返回校园，如今则因此倍感难堪并受到巨大的约束。当初要是他们能再坚持一阵，能和他们的同伴混得再熟悉一点，对他们周围的环境了解得再多点，对他们的学习有更多的兴趣，也许就没有东西可以引诱他们放弃学业了。

有多少年轻人离开了医学院或者法学院、放弃了学习贸易，仅仅是因为陌生感、新环境的明显冷漠让他们感觉消沉？仅仅是因为前路看起来颇为困难、险峻？有太多的人，明明有天赋做好他在尝试做的事情，却最终因为环境的不顺而放弃了，并且在后来的岁月里一直为此而懊悔不已。

只是因为暂时的挫折就放弃当下的努力是种冒险。一个人遭受挫折的时候是很难分清做什么、怎么做才是最好、最正确的，于是想法变得反常了，判断被扭曲了，无法看清形势，导致错误的选择。

事实是，世界上有许多的失败者原本都是可以成功的——只要他们当初能有胆量、勇气与耐力坚持下去。

作为人生一大规则，坚忍不拔在世界历史上所造就的奇迹要远远多于人们凭借卓越才华或者天赋而创造的奇迹。坚忍不拔让大量本来目不识丁的人受到了良好教育，也让人们通过已经拥有的东西获得巨额财富，让不可能的事情得以成真。

当哥伦布手下的水手们叛变，并威胁要将领头人哥伦布锁起来的时候，他并没有退缩踌躇，而是继续加紧航程。他用道理来说服水手们，并且用勇气、希望和热情来激励他们，当时有一名水手问道："司令，当我们失去希望的时候，我们该怎么做啊？""那就航行！继续航行！"——作为一个航海史上最为不屈不挠、最有勇气的人物，哥伦布给出了这样无畏的回答。

一个相比之下能力平平的人也可以开展自己的事业，并且能在一帆风顺的时候把事情做下去；但是，对一个人的真正考验在于，当所有人都背弃了你，没错，就连希望也几乎要离你而去的时候，你是否还能坚持下去，是否还能"航行！继续航行"。

你能否在陷入一个对大多人看来近似失败、绝望的境地时依然坚持？如果你能像哥伦布那样，那么你注定会实现你的目标。也就是说在一个人走到一种大多数人都会停下来离去的境地中时，我们才会判断出他究竟是怎样一个人，而在此之前，我们对他的所知是不多的。如果他能在那种境况中仍执意继续，不言放弃，那我们就可以说，他有凯旋的资本，终有一天会收获成功的人生。

把人分成三六九等有个好方法，那就是用他们半途而废时与最终目标之间的距离来区分他们。有些人在起步阶段就逃离出局了，有些人则走得远一点，还有许多人则是在胜利触手可及的时候倒下了——他们当中大部分差不多都已经目标在望了。

像拿破仑和格兰特那样的人是比较少见的，他们生来就不懂得投降为何物，从不肯承认失败，总能在别人绝望之处看到希望，在别人判定为是灾难的事情上看到胜利。

用以判断一个年轻人是否拥有成功特质的最早迹象就在于他是否有忠信坚守的习性。如果他能坚持，这就是他非凡才能的先兆，是成功的预言。无论你在其他方面有多么优秀，要是你不能坚持下去，你是不会最终胜出的。

对于一个有能力坚持下去的年轻人，我从来不会太过担心他的未来。纯粹的勇气能让人坚守自己的目标誓不放手，并且让人能一直追随着希望所指明的方向；让人即使身处一艘破船并且众叛亲离时，在历经日照与狂风暴雨、冰雪之后，仍然能坚持到底，事实上，只有死亡才能让这种人放弃、才能将其驯服——即便是死，也是死在抗争之中。

你能为一件事情坚持多久呢？坚持到什么程度呢？你的人生是否成功很大程度上取决于这一点。我记得有一位多才多艺的人，对于任何新鲜事物，他都表现出了非凡的坚持能力，但是一旦那些东西变得有点老旧或者让他感觉熟悉，他就会厌倦，就会失去耐性而放弃。

记住吧！每次在你对自己能否做好正在做的事情心存疑虑时，每一次你屈服于对失败的恐惧时，你就是在削弱你的耐力、勇气、主动精神和各种使你坚持下来的能力。

无论别人如何飞短流长或者说些什么，坚持你自己的愿景吧！盯住自己的目标，不要因为前方有海市蜃楼在诱惑你而摇摆不定。无论有什么东西在诱惑你改变既定的路程，你都要在通往自己目的地的道路上一往无前。那些软弱的人，那些害怕受人批评谴责的人，总是会想着人们会如何看他，这样的人是没有成功特质的。他没有那种可以让他直达目标的特质。

如果一个船长在每每遇上大雾或者暴风的时候，就立即掉头返航，驶向他出发的港口，那会怎样？他知道他不仅会丢掉饭碗，而且还会背上无能和懦弱的名声。每一个出海的船长都会跟着指南针走，穿过大雾，熬过暴风雨，直至到达他那遥远的目的地。而你，就是你生命之舟的船长，它能否载誉驶进人生的港口，全凭你来驾驭和掌握。如果不能做一个好船长，那你的生命之舟就有触礁沉没的危险或是在原地打转而无法前行。

踏踏实实的艰苦工作，从不摇摆的目标，以及从不退却的勇气与胆量，这些就是让生命高奏凯歌的特质。

比彻就曾说过："我记得，在所有的院系里，那些能获后人追捧的书和文学作品，或者艺术院校里的艺术作品，没有一件不是历经长期而耐心的雕琢而造就的。"

乔治·艾略特[1]能写出价值五万美元的《丹尼尔的半生缘》全靠她长期不懈的艰苦努力，其中就包括阅读了上千卷的书籍。而席勒[2]则从不认为自己的工作"已经完成了"，法国著名小说家巴尔扎克甚至会花上一个星期去写一页内容。

不要气馁、不要倒下、不要放弃！你的目标可能已经就在触手可及的地方。你可能只须再往水中跳一次就能采到你要的珍珠。

当格兰特将军进攻到夏伊洛时，在他认为他快要失败之时，他仍然坚持作战。正是这种坚持，让他成为了同时代最为伟大的军事家。他在夏伊洛遭遇挫败后，几乎每一家美国报纸都要求他下台。林肯的朋友们甚至会哀求他将指挥权交给别人，但是林肯的回复是："我可不能让这样的人闲赋。他会战斗，他有着斗牛犬一样的勇气，一旦他咬住了某样东西，谁都别想把那东西夺走。他就是那种没有路也要自己走出一条路来的勇毅之人。"

世界会向顽强的不屈不挠让步，因为对于顽强，世界实在是无计可施的。试想一下，要影响俾斯麦，要让他放下决心要完成的事情，那会怎样？试想一下，要阻止拿破仑，不让他带领着军队在冬天穿越阿尔卑斯山，那会怎样？如果他的顾问们不试图劝说他放弃某场战役，那他是不会着手去为那场战役做准备的——庸人眼里的绝无可能之事在拿破仑眼里就是有可能的。他会嘲笑诸如此类的阻

---

① 乔治·艾略特（1819—1880），英国小说家，与狄更斯和萨克雷齐名。其主要作品有《弗洛斯河上的磨坊》、《米德尔马契》等。——译者注

② 席勒（1759—1805），德国狂飙突进时期著名作家。席勒出身于医生家庭，学过法律和医学。他是和歌德齐名的德国启蒙文学家。席勒在青年时期，在狂飙突进精神的影响下，写出了成名作《强盗》和《阴谋与爱情》，确立了他的反对封建制度、争取自由和唤起民族觉醒的创作道路。——译者注

挠。再看看华盛顿，当初他的朋友中又有多少人在哀求他自保于佛吉谷、希望他放弃那些会威胁他自己生命的战役？他们对他说，他的生命太珍贵了，即使是为了国家，也不应做如此牺牲。

　　年轻人总是会不厌其烦地围绕着天赋一说喋喋不休。他们似乎总是会认为，那些能做出惊世之举的人必然是个天才，有着非凡的才华，但其实，为数不少名垂青史的人，都是些普普通通的人，却能做出非凡的成就，这些仅仅是因为他们极为勤奋，尽管资质平平却有着不同常人的坚韧耐力、决心和勇气。

第六章

控制能力与身体活力

一个人能够均衡地生活，将工作与放松安排得当，那他就可以在每一日中都保持最佳状态。如果你能让自己长期保持着一种度假归来后的轻松状态，你所能取得的成就也许比你曾经梦想过的都多；而只要你用好自己的身心力量，你是能做到这点的。

生产过程中所面临的最大问题就是如何用最少的投入、最少的机械损耗来获取最大的产出；而每一个行业中的人所面对的最大问题就是如何用最少的开支获得最大的收益。但是，那些精明而又注意节省开支的人，很大一部分却不大会花心思去节约自己个人能力的消耗。

在各行各业里，有成千上万的人在职业道路上走得并不如意，而这仅仅是因为他们没法让自己的身体和精神状态保持良好，因而无法发挥出自己的最大潜能，做出最好的成绩。

我认识一些人，他们即使已经步入中年，却还在原地踏步，一切就和他们当初离开校园时差不多。他们的热情在很久之前就开始枯竭了，他们的工作也变得单调乏味——因为他们无法给工作注入足够的活力让它充满生趣。他们萎靡不振，生活对他们来说不再是一种享受而是一种折磨，他们当中有些人不但没有前进，甚至还倒退了。

在这个世界上的任何一个角落，我们都可以看到那些在被平庸的生活与琐事消磨的人们，他们本有能力获得更高质量的生活，拥有更有意义的人生，迎接更成功的职业，创造出更多的社会价值，却没有行动起来脚踏实地地做些实事——因为他们没有足够的活力去开拓自己的道路，这种生命活力的缺失让他们无法克服路上的障碍。

一个作者要是思维落后、因循守旧，无法将生命的活力和热情倾注在作品中，那他的作品就永远无法获得读者的认可。这样的作品缺乏热情和生命力，不能振奋人心，更别提激励和鼓舞人们，因为作者在写作时本身就是昏昏然的。他之所以没法让自己的作品雄劲豪迈，完全因为他本身就是个严重缺乏生命活力和热情的人。

如果一个牧师缺乏这种生命活力和热情，他将无法为民众的人生困惑答疑解惑，无法安抚那些脆弱的心灵，更无法挽留住信徒们匆匆离去的脚步；他弱不禁风的身体会让他的精神也不堪一击，让他看上去像是个罹患大病之人；一个教师要是没有生气和激情，他就无法发自内心地去赞美、鼓舞、激励自己的学生。也就是说，一个人要是过度操劳或者不能照顾好自己的身体，不能拥有健康的体魄，那么他的大脑就会不胜负荷，他的体力也会消耗殆尽，从而导致他整个人看上去严重缺乏生命的活力。

看到这些来自各个行业、各个岗位的人逐渐失去活力，激情不再、心情沉重、消极流于平庸，实在是令人惋惜；或许他们仍在不断鞭策自己以期获得更好的成果，但是身体的不适而导致的精神衰竭已经让他们力不从心了。

很多人会以为，要取得伟大成就，就要一刻不停地努力，事实其实并不尽然，他们能够永不停歇地坚持工作，比起少做些工作多些放松，他们会取得更辉煌的成就。实在是没有比这更大的错误了！我们能取得怎样的成就，取决于我们工作时的效率。

当大脑在压力或者束缚下运转时，它是没法发挥出最大能量的。它必须要主动地运转，并且在轻松、自然的状态下才能发挥得最好。被迫工作时，大脑是没法实现最高产的，只有在完美状态时，它才能给人带来各种好处。

我知道有些人会在自己的大脑不够充实的时候借助外物去刺激它，而这永远只会带来低劣的精神成果。清晰而坚定的思路来自新鲜感和热情，而过于费力的推动方法是没法带来新鲜感和热情的。

当工作时间从九个小时猛然变成八个小时的时候，大部分的生意人都在忧虑一天工作时间的缩短，他们说，这肯定会导致每一个员工的产量下降九分之一。

但结果显示，并没有他们说的这种损失。相反，不但产量没有下降，连工作质量也因为员工们变得更精神、更有活力并且怀有更大的热情而得以大大提高。他们不会在一天结束之时筋疲力尽，他们在工作中发现了更多乐趣，于是工作时也更加积极主动，更大胆并且抱有更大的希望。他们不再急于打发时间，而他们额外获得的放松时刻也让他们为第二天的工作储备下了更多的能量。

我们认识工作时的最大错觉是什么？就是认为我们在每日工作很长时间，将自己的心力和体力都逼到极限，比起工作不那么长的时间同时不逼迫自己、不让自己筋疲力尽反而让自己更精神更有力的做法，我们会实现更大的成就。

缺乏睡眠和放松的脑袋是完全与一流脑力作品无缘的。即使是拿破仑那样的意志，也没法让一个受到毒害和侵蚀的脑袋保持高效运作，因为，当血液、大脑细胞和神经细胞受疲劳所拖累时，敏感度就会削弱、洞察力就会钝化。当志向不再高远、理想开始堕落的时候，精神上的消极被动就会自然而然地出现了。

这个地方有许多人，他们不但用尽了自己的每一天，用尽了自身所产生的每一点每一滴能量，他们还榨取了自己的储备能量，于是，随之而来的精神崩溃也就不是什么稀罕事了。他们的每一天都始于这样一种困境，有点类似在每个早上都骑着一匹没有好好喂养也未得到充分休息的马来开始一段旅程。

拿一匹普通的驮马为例吧，如果从不给它梳洗，把他关在一个又黑又封闭的隔间里，只在你方便的时候才顺手把他喂到半饱，那你就等着吧，不用多久，这匹马的工作能力和售价都会降低一半的。如果你以类似的方式来对待自己，那你就别指望你的价值会有多少提高。

当牧师贝拉米博士的学生向他询问如何才能在讲坛上获得成功的时候，他总会始终如一地回答："把水桶灌满吧，各位！把水桶灌满。"如果你没有持续地往水桶里倒水，你是不可能不断从水桶中舀水出来的。然而，似乎有很多人会认为，即使他们不用营养的食物、适当的休息和放松以及有规律的生活来为自己补充活力，比起遵从一切健康规律来生活，他们也不会差到哪里去，他还是能取得同样的成就的。他们没有认识到，生命的系统，远比生意的系统来得重要——因为身体健康乃生意成功的根本，也是其他任何一切成功的根本。

没错，是有这么一两个个案，有些身体欠佳的人也能成功，但是我们都清楚，对于普通人来说，没有健康的身体，要取得达到一定高度的成就是不可能的。

每一个人都应该让自己的身心保持在最佳的状态——否则他就无法向世界传递出造物主托付于他的神圣信息——这是一份神圣的义务。让自己的身体陷入几近衰竭的状态，使自己无法响应生命的召唤，这绝对是一种罪过。

当大好机遇来临时，却发现自己软弱无力，没法好好利用这些机遇，只因从前把自己的精力浪费在种种无用、堕落的事情上，或是发现自己即使能抓住机遇，也是战战兢兢地满腹狐疑，毫无信心与活力可言，那真是一种令人沮丧不已的经历，对一个人来说，还有比这更沮丧的事情吗？

如果你想全力发挥自己的潜力，那你就要摆脱那些会让你的活力受损耗的事情，清除一切可能妨碍你拖你后腿的东西、一切浪费你精力的东西，削减你的运转消耗；要不惜一切代价去充分表达你自己，不要拖着一副半死的残躯，不要沉迷于那种会耗尽你的活力和生命力的不良习惯中。千万别做也别碰那些会让你的活力枯竭、让你的前进机会受损的事情。时常要问问自己："我将要做的这些事情里，有什么东西可以让我的生活更充实，可以让我更有力，让我的状态绝佳，能实现我所能做到的最好的事情？"

如果我们能运用常识安排好自己的食谱，能过一种朴素、明智、简单的生活，有足够的锻炼和活动，多待在户外，那我们就不大需要药物。但是，我们当中大多数人的生活简直就是反自然的罪行——不合人伦，也有违我们的潜力。

人们总是在与健康规律对着干，吃下一堆难以下咽、难以消化的食物，常常弄得自己的胃失却动力再也无法消化简单的食物。他们总是让肚子里塞满各种油腻难以消化的食物，再喝下那些会阻碍消化过程的饮料，然后还在那里奇怪，为什么自己的工作状态不佳呢？然后还要求助于各种各样的刺激物来克服这些副作用——由他们的贪婪和愚蠢带来的副作用。

而另外一些人呢，则走了另外一个极端，吃得不够多，也吃得不够丰富。

如此一来，就会让身体系统中某一部分有些东西过剩，而身体系统中的其他部分则会有另外一些东西出现过剩。这很容易引起胃口异常，导致人迷恋各式饮料、花天酒地。还有一些人，其实他们需要的是相宜的食物，他们却向各种药物求助，以满足身体各种组织中的饥渴细胞的需要。

我们当中大部分人，其实就是在和自己过不去。我们自己才是自己最大的敌人。我们总是对自己有很高的期望，却不会维持我们的身体状态好去达成这些期望。我们不是太过宠溺自己的身体就是不够爱惜自己的身体——要么在纵容它，要么就在忽视它，不知这两种做法哪种会带来最坏的后果，但反正不是什么好的结果。人们会好好对待那些他们期望能带来极大收益的贵重机械或者物业，但是很少人会以类似的明智之道来对待自己的身体。

没有什么会比自我投入可以带来更大的收益了——自我投入，

包括用尽一切可能的办法好好呵护自己的身体健康，用最大的关注和精准来安排养生之道以及工作、生活习惯。为了维护身体正常、健康，其中一种最经济的做法就是暂停手头的工作，安排一定的时间用于放松、游玩和休息。

要让一部机车能完成指定的工作，那不但要按质按量地给它灌注燃料，还必须让它有间隔地进行休息；如果它没有机会定期让自己的钢铁粒子得以进行自我调节，那它最终肯定会停止运转的。如果机车引擎内部对金属分子和原子的聚合力不断减弱，那这机车就必须时不时地返回机车室，好有机会自我调节。既然连钢铁都不能承受持续使用的负荷，那人脑在费劲地工作过后需要经常地进行自我调节又有何奇怪呢？

一个人要做到身心平衡、镇定从容、见识广阔，就必须有各种不同的经历体验，为此，玩乐与工作一样，是必需的。一个人要是因为觉得时间太宝贵想要用尽每一分钟，因此只会永不停歇地工作，总是没有时间去玩乐，也不会去探望朋友、旅游或者去乡村走走，那他其实在与自己努力的初衷背道而驰。

最崇高的活动必须是做得自然、轻松、灵动而活泼的，而每一个希望发挥生命最大潜力取得最大成就的人都该明白自然的一切恢复方法。而一个已倍感疲累的头脑所需要的，与其说简单地躺下休息，还不如说是新鲜的景物。譬如说，如果你已经运用单纯的意志力来强迫自己的脑袋去工作，让它感觉沉闷甚至已经筋疲力尽了，那你可以去乡村郊野走走，在那样的环境里，你可能要用上完全不同的能力，而这立即就会让你感觉焕然一新，你也许会如从前活跃，只不过方式会有所不同，因为你正在使用那些原本渴望得到重用的新能力，而原本因为过度使用而变得沉闷疲累的能力却能在同时得到休养生息。新的环境、新的活动，都可以让一整套全新的脑细胞活动起来，同时令那些已经因为超负荷运转而疲累不堪的脑细胞有机会复原。

我可以肯定地说，每个人都曾在某些时候有过这样的经历：当他身心皆疲惫不堪地回到家里时，感觉无力、沮丧、抑郁、暴躁的时候，不用躺下来，只需和孩子或者狗好好玩上一阵，或者和一位老同学、一位多年未见的童年玩伴好好聊上一晚，他就会感觉种种令人忧愁的情绪已经烟消云散，整个人都重新充满活力了。

这表明，在一天的劳作过后，我们需要的与其说是消极被动的休息，还不如说是需要一些改变——环境的改变、活动的改变，将那些在白日的工作压力中处于冬眠状态的种种才能释放出来。

通常人们都不会把玩耍游乐的能力看作一个人品格中必不可少的部分或者成功不可或缺的部分，但我们发现，许多因为疏于玩乐而缺失这种能力的人，要么就是个失败者，要么索性就是个怪人。

在我们的各种能力中，有些的主要作用就好比是润滑剂，润滑其他所有的能力并让人体这台机器能够井井有条地运作。我们不会直接运用这类能力来谋生，但是它们是无价的。运用起社交能力和幽默，动用自己的热情并满足自己对乐趣的热爱，这些都会对保持身心平衡起到重要作用。例如我们经常都可以看到，一大群疲累厌倦的人在看完一出有趣的戏剧过后，他们就不再感到那么累了，个个都精神大振、有说有笑的——而我们本来会以为，在一家封闭、室闷的剧院坐上三个小时是件苦差事呢。

同样，音乐也有类似的魔力，可以让人体这台乐器和谐发音；对很多人来说，它是非常有益的滋补品。还有一些人可以通过阅读来复原，我就知道有些人，在读过爱默生的作品或者其他振奋人心的作品之后，无论之前他有多么疲累，都会变得精力充沛。

有益的玩乐，清白健康的乐趣，都是一种持久的润滑剂，能让人焕然一新、龙精虎猛且头脑清醒。你得学会将之与你的工作结合，不然的话，无论是你自己还是你的工作都会吃到苦头。

正是工作的单调乏味让许多商业人士或者专业人士迅速衰老。他们的生活不够丰富精彩，他们年复一年做着同样的事情，没有多少改变。结果就是只有单方面得到发展，有些能力被运用过度了，其他能力则萎靡了。

"只苦干不放松，聪明人也会变呆子"，这句话可以说一点没错。一个人要是总是在对付苦差事，从不放松，那他最终肯定会不成人样，或者变成一个呆板、愚钝、狭隘的人。他会逐渐失去社交能力，最终变得无法享受任何日常机械地工作以外的事情；同时也没有人会喜爱他那封闭的自我世界。

一个人能够均衡地生活，将工作与放松安排得当，那他就可以在每一日中都保持最佳状态。如果你能让自己长期保持着一种度假归来后的轻松状态，你所能取得的成就也许比你曾经梦想过的都多；而只要你用好自己的身心力量，你是能做到这点的。我认识有些人，他们能在脑力和体力复原方面高度自律，通过调动自己的思想，他们能在几分钟之内就抛掉那些所谓的"疲惫感觉"，吸收进一些能使人振奋充满活力的思想——这些思想如此美妙，把一切的不和谐之音都消除了。

我们究竟是感觉疲惫不堪还是感觉精神大振，这在各个方面取决于我们的心理状态。垂头丧气是最能销蚀精力的，它会让血液和脑细胞受到毒害。要知道，一阵子的无精打采，即使只持续两三天，也会让人比工作上一个月还劳累——因为这种状态会让整个系统因为血液受到了毒害而被大量损耗，而且如果不改变心理状态，这种毒害就不会开始清除。从另一方面看，正是你在放松和睡眠中所积蓄的能量让你的头脑充满活力，让你灵感不断，也让你的精神为之一振、充满力量且感觉愉快。正是这种积蓄让你的思想获得平衡——一如平衡轮上的巨大重量一样，能让钢梭顺畅平稳地在机械上运转。你积蓄下来的体力和脑力就是你的平衡轮，让你能够带着更大的精力在更高远的事业或者更专业的领域创造奇迹，同时又不会摧毁你的体格。

每一个睿智的抱负都会以个人力量为目标的，我们当中有很多人也许都不这样认为，但事实就是，无论我们投入的精力是用于赚钱还是写书，是用于绘画还是制造机器，是要在某个专业领域赢得某个位置，是要飞黄腾达还是要服务社会，无论我们当前的抱负是什么，说到底，我们的真正目标就是要做更多事情、实现更多成就。

提升能力、提升力量、提升我们实现目标的实力——这些就是我们都在追求的事情。要实现这些提升，还有什么方式会比用尽办法呵护和完善我们的健康来得更有效呢？

　　无论你还要做什么，千万记得俭省你的力气、保存你的活力，一定要坚持这样做，就像一个在海里遇溺的人死命抓住一块小浮木一样。一定要把你的每一分体力都好好存起来，因为你要依仗它们取得成就、建立起你的个人地位。一个人即使一贫如洗，但只要他充满活力，他还是比那些挥霍了自己的元气、扔掉了自己宝贵的生命力量的人来得富裕——和生命活力比起来，黄金不过是浮渣，钻石不过是糟粕，房屋土地也不过尔尔。

　　大肆挥霍宝贵精力的放荡之人是最危险的挥金如土者，比起那些真正是在挥霍金钱的人，他们更差劲儿，简直就是在自杀——因为他们扼杀了让自己变得更强壮、更有生气也更有效率的机会。他们所浪费的，是人生中最大的资产。

　　只有当你遵从自然的规律并且在自己的"自然银行"账户中有存款时，自然才会支付你的汇票。假如你在今天从她那里赊借了款项并且透支了自己的体力账户，那你很快就要为此而付出代价的。要知道，自然的手里有一本账本，她会非常精准地在上面记账的。每一份从你的活力账户中开出去的汇票，每一张从你的体力储蓄中开出的支票，统统都是要由你自己支付的。

　　自然可不会感情用事，就连你欠下的最后一个子儿，她也会向你追讨。如果有人认为，自己可以不遵循自然的规律，可以日夜颠倒，可以随时随地吃任何东西，可以不过那种有规律符合科学的生活，可以睡眠不足，可以随心所欲，那他最终会为这一切付出代价的，而且，就在他意识到这一切之前，他已经在体力上破产。

　　就在最近，我曾听到一个人吹嘘说，他在过去的二十年中不曾放过一天的假，同时他不明白，为啥他不过五十出头，他的医生就已经要求他至少停止工作一年。

我经常会听到外科医生们提到，有些人，还不到五十岁，要接受手术，但是，显然由于这些人的生活方式已经耗尽了他们自己的体力和活力，以至于做那样一个手术对他们来讲很有可能会是重大致命的。

买人身保险是个不错的主意，但比人身保险更好的做法是好好保障自己，好好保存自己的体力让其处于尽可能好的状态，让自己远离意外和疾病。

当年轻的时候，我们可能储备起了一定的精力，运用得当的话，我们也许可以在紧急关头暂时透支一下，但是，如果我们持续这样日复一日地透支，每24小时中所损耗的脑力和精力都要远远多于我们所生产的，那你不用成为一个伟大的数学家都可以轻易搞清楚，不用多久，我们就得待在健康的法庭上接受破产的命运了。

怎样才是有意义的成就呢？如果你能在完成了一天的工作之后，没有因为当天的种种损耗而浪费精力、心神俱疲，能保持一切完好，那这就是有意义的成就。没错，要是你想的话，你完全可以把两天的工作都挤在今天完成，但到了明天，可能你已经体力不支了。

如果我们在与健康息息相关的事情上——包括相宜的食物、必需的睡眠休息、身心的放松——对自己吝啬，那我们从自己身上抢走的东西实在是难以计数。我们可以在其他事情上尽量节俭，但千万不要在那些自身健康源泉所依赖的东西上吝啬。

"失去了健康，名利钱财一切不过如浮云，种种好处只是无用的过眼云烟。"健康就是那颗无价的极品珍珠，只能通过健康正确的生活方式来保障它。有许许多多的百万富翁，在拿健康换来巨额财富之后，都会为那些已然无法再用财富换回来的东西而叹息。

无论你的抱负是什么，也不管你的职业是什么，因为把生活全部用工作填满或者因为没有满足打造一个健康体魄、健全人格所需的种种基本需求，从而导致自己失去机会，没法让自己的人生画卷成为经典杰作，这样的风险你冒不起的。

第七章

挥别犹豫不决

　　一个能做出最终决定，并且一旦做出决定就不再反复、没有犹豫并且会将之付诸行动的人，往往会让大家体会到伟大力量的所在。一种类似"我已经决定"了说法，听起来就犹如是命运的神谕，它会让一切反对声音平息，还会让一切争论都终结。

尼尔森说："当我不知道该不该继续斗争下去的时候，我总是会继续下去。"正是这种能在绝望境地中迅速坚定做出决定的能力让尼尔森成为世界上最伟大的航海英雄之一。

这种能迅速做出最终决定并尽快采取行动的能力也是基奇纳勋爵成功的秘诀。拿破仑也有这么一种能力，能在面临深远、重大抉择时做出决定。

冯·毛奇①的座右铭就是：权衡，然后去冒险。这位杰出的德国将军在起草计划和做出决定时都是非常谨慎的，但是一旦他下定了决心，他就会一往无前地执行贯彻下去，在别人看来，有时甚至几近鲁莽。

所有杰出的领袖都拥有这么一个特质：能迅速高效地做出定论。这可是领袖头脑的标志。一个能够坚持自己决定的人天生就是个征服者。迅捷的决定和一心一意的行动可以横扫他们眼前的世界。

---

① 赫尔穆特·卡尔·贝恩哈特·冯·毛奇（1800—1891），普鲁士和德意志名将、普鲁士和德意志总参谋长、军事家。亦称老毛奇。德国陆军元帅。——译者注

一个能做出最终决定，并且一旦做出决定就不再反复、没有犹豫并且会将之付诸行动的人，往往会让大家体会到伟大力量的所在。一种类似"我已经决定了"的说法，听起来就犹如是命运的神谕，它会让一切反对声音平息，还会让一切争论都终结。

只有那些积极而有决断力的人才能带着强调意味说出"不"或者以无比的活力说出"是"，而且说完之后还会为其而坚持，并因此赢得我们的信心，也在芸芸众生中脱颖而出。

一个清楚知道自己想要什么并且能直奔目标而去的人，总是会最终得偿所愿的。相反，那些墙头草，那些永远不知道自己想要什么的人，他们只会是无足轻重的人，并且无法在世上立足。没人会对这种人或者这种人的判断有信心，因为大家永远不知道在下一个工作中他会做些什么。没人信任他，于是他也没法提升到可以担负责任的位置上。

对一个努力要立足的年轻人来说，没有什么比建立起自知自己想要什么、并且有能力做出一锤定音最终决定的名声更有好处了。能迅速做出强力决定的能力本身就是一项了不起的资产。

那些犹豫不决的人最大的问题就在于他们无法忍受为了自己的目标而牺牲一些与之冲突的事物，他们不想放走任何东西，他们只想把所有东西都霸占住。他们既想把蛋糕吃下肚子，又想把蛋糕留着欣赏。

歌德说得没错，"这世上最可怜的就是那些踌躇不定的人了，他们总是在两种感觉之间摇摆，想着要把两种感觉统一起来，从来没有想过，根本没有东西可以把两者同一起来"。

其实，每一项重要决定都会包含一些放弃或者牺牲，一个人要是更多地想着如何逃避这些困难，更多地在需要他决定的事情上盘桓，他就只会越来越困惑，并且在整个处境中越陷越深。

对比起那些软弱而优柔寡断的人，一个能培养自己做到迅速做出决定并且把决定立即付诸实践的人有着巨大的优势，他为自己赢得了大量的时间和精力，而其他人则因为摇摆不定，尝试着从每个角度来考虑问题，并且一直都无法做出坚定的最终决定而浪费了大量的时间、精力。决断的人不会长期被悬而未决的问题和提议拖慢步伐，他会认识到现在犯一个错误总比一直犹犹豫豫地反复权衡、放纵各方意见针锋相对导致思虑过程不得不一次又一次重演要来得好。

他会明白到，他的决定是基于他的最好判断的，并且一旦决定下来了，他就会把整件事情从他的脑海中完全清除出去，并且立即着手处理需要他关注的下一件事情——这就是他能把事情做成的秘诀。他不会让自己的头脑受到种种废物的拖累，并且让那些不够积极不够决断的人感到窘迫。

一个不够决断、总是犹犹豫豫的人只会让人士气低落，他会将自己的种种疑虑和优柔寡断传染给身边的人，每一个与他共事的人都会感染他的这种毛病，这简直就和天花一样感染力惊人。他总是不太确定自己想要什么，他总是在墙头上观望。于是他的手下也没法帮他做决定，从而使他的事情总是一团糟。只要是由他领衔进行的事情，总是会受到拖延，而且整体氛围中会弥漫着犹豫。于是命令没有彻底落实执行，文件也没有完全贯彻，很多时候要等待更清晰的命令来修修补补，与其他人的往来交易往往就会进展过于缓慢并且最终会被搁置。很多时候，这样的一个雇主会对员工们没有耐心，但其实，问题的根源在于他自己。那种摇摆不定、反反复复的作风恰好反映了他们那种软弱低效的精神状态。

一个想要支撑自己不受那些消极思想、消极环境影响的人，就要好好培养和加强自己的积极、优良品质。

每一种心理素质都是会受到提升改善或者降低损害的影响的，要么是素质更好了，要么是更差了，这在于它们会被怎样对待。每一种素质能力都可以通过实践来得到加强，同样也可以因为无所作为而渐渐变弱。

没有人会需要留下一个犹豫不决、消极被动的懦夫在自己身体内，除非他自己就想做个懦夫。只要他愿意，他完全可以让自己成为一个积极、决断、有力的人。

我认识一位年轻人，他的心态曾经如此消极，直到他开始深入地了解自己并且用好他的心理资产，他的生活才避过成为一场大失败的一劫。那时他得以一窥成功人士的心理状态与那些失败者的心理状态有何不同，然后他就立即着手培养自己以积极的态度面对一切事情。本来，他天性犹豫，总是非常害怕对一切重要的事情一锤定音，他总是会给自己的决定留下后路，好方便自己反悔、重新做出决定——而他必然是会反悔的。但是，现在他会推动自己迅速做出有力的决定，而且一旦决定了，一切工作都会立即开展。自他明白到拖拉犹豫本身就是一场失败之后，即使他了解到某个决定本身可能有错误之后，他也不会让自己为此而拖延或者摇摆了。

他以乐观取代了悲观，不再让自己纠缠于失败的可能中。他以自信和勇气取代了之前的猜疑与胆怯；仅仅就在一年之内，这位年轻人大大提升了自己正面积极的能力，让自己的效率翻倍。而这种神速的进步又鼓励了他投入更大的精力来加强自己的品格塑造；到了今天，他已经不再是早年那个软弱、羞怯、摇摆、犹豫、畏缩不前的年轻人了，他变得强壮有力了。

任何人要是采取与之相反的做法，养成了那种犹豫和反复的习惯、总是尽量拖着不做最后决定，那不用多久，他那种快速做出决定的能力以及采取行动的能力就会废了。精神上的懒惰或者软弱甚至有可能让一个人的积极建设能力濒于枯竭，可能会严重到即使到了生死关头，他也仍然会拖拖拉拉。

对于那些具有类似特质的男男女女来说，要他们为了某些事情毫无保留地付出几乎是没可能的。他们的决定中总有这样那样的问题，总是会有"如果"或者"还有"又或者"但是"，总是会有可以让人爬出去的漏洞。这些没有担当的人一旦感觉到自己无路可退的话，就会惊慌失措，他们没法忍受这样的想法——他们要承担起某些事情，并且不得反悔。这会吓倒他们的。如果能有一些后路留下来，他们就会感觉轻松点；要是没有，他们就会感到很苦恼。一旦想到要烧毁他们身后的桥，使得他们有需要时也无路可退了，他们就会惊恐不已。

那些已经将反复权衡当作习惯的人是不可能培养出那种实现目标的能力以及做事的强大动力的，因为这种人总是会推翻自己的决定，不会坚持自己的决定。每当一件事情总是被不断冒出的新考虑所打断、应该采取的行动则在各方争论一而再再而三地上演过后才执行，这种时候，采取行动的最有效时间也会一并流失了。

埃德娜·李尔写了一本书叫作《通过等待获取胜利》，如果写成了《通过等待得到失败》，这会是本好书。有更多的人，他们就是因为等着有更多的启发、更多的时间来权衡，希望在决定之前能想到更多的事情，所以失去了很多极好的机遇，生命中的大好机会——因为这样而失去机会的例子，远远多于因为做了一个草率的决定而失去机会。

在当今时世，当每一个人都是推动者或者被人推动者时，那些没法发挥正面力量的人、不能迅速坚决做出决定的人，是不可能祈求获得成功的。那些犹犹豫豫、止步不前或者对前路感到迷惘的人，很快就会发现自己被其他更强大有力的人冲到一边去了。

你必须学会相信自己的判断，学会毫不犹豫或者毫无保留地做出决定，并且要坚持你的决定，否则的话，你不可能去到任何境界。

能够快速、明智地做出最终决定总是有赖于那种积极正面的素质，当中最重要的两项就是直截了当和简洁凝练。

直截了当和决断一样，是一个高效大脑的特征。那些总是拐弯抹角的人是既效率低效又没法实现效果的。脑子想问题时不直接是不会想得清楚的，只会一路磕磕碰碰、误打误撞。而一个言简意赅的人，能直达事情的核心，能在第一次就尝试命中要害，这才是能做成事情的人。

直截了当是所有成功商业人士的典型特征。世上有太多的人，受过良好的教育、学识渊博，但是他们很难集中注意力在某一点上，有时他们甚至到了在决策的过程中不知道该在哪里停下或者该何时停下的地步。他们就像我们的某些铁路那样，终点站设施太差了。

没有人会喜欢拐弯抹角、模棱两可、迂回累赘，因为这些只会浪费宝贵的时间并且阻碍人们前进的步伐。无论是在哪一个行业，直截了当都是制胜之道。能够集中力量、能够迅速找出关键并且能直达事物的核心，不带半点模糊或者啰唆，这就是成功的一大因素。

那些言简意赅、直接干脆、果断的人，总是一言九鼎并给人留下良好印象。而那些喋喋不休的人，总是说话不过大脑，难免会让人怀疑他的智力。通过五分钟的谈话你就可以判断出一个人是否是优秀商人了，看看他说话是否简洁，看看他表达自己的想法时是否够直接。

如果你没法果断、有效地抓住要点，那你受过多好的教育或者多有能力、多么聪明都已经无关紧要了；如果你没有那种把自己的思路集中收拢的能力，那你是永远都不可能成为别人的领袖的。

杰伊说："我在触手可及的地方看到了一大优点，那就是简洁，而我决定要获得这种优点。"这种能够寥寥数语抓住要点的能力，能够快速思考、敏捷做出决定的能力，看起来似乎都够简单的，简直就是最平凡的普遍美德，但其实，这些都是成就一个强人的重要因素。

一旦你能够迅速一锤定音，你就很有可能拥有这个成功群体的其他因素。而如果你暂时没有这种能力，那么千万不要错过任何可以改掉弱点的机会——要知道，决断力是那些可以超越明显天赋造就成功的众多"普遍美德"中的一种。

一位年轻人士想要过上充实而富有成果的生活、想让自己的生活成为经典杰作，那其中一样他或者她必须做到的就是消灭自身的弱点，消灭每一个可以阻碍其努力的毛病。就我所知，对效率，尤其是对领导力来说，没有哪种习惯比起总是在某个决定上盘桓不前更为致命了；总是在一个问题上不断权衡，反复推敲各方的论据，直至再无精力做出最终定局的决策。

如果你正受到这种犹豫不决的困扰，你可以通过多点运用自己的意志力来改变这种困局。在每一个早晨下定决心，说你将要在一天中做出不可能回头的决定。下定决心，你首先会在自己力所能及的范围内就你所关注的问题得到最好的信息，你会运用自己最好的判断力来做决定，然后，你会让事情有个了结，无论是一件普通事件还是一份合同，并且将整件事情从你的脑子里剔出去。这样做的话，你就可以让自己拒绝在一件事情已经结束之后还在问自己是否做了最明智的决定，不受任何诱惑，不会再重新考虑这件事，从而保证你不会又陷入摇摆不定的局面中。

我认识几个人，他们本来也是对自己的判断缺乏自信，不能为自己做主，也没法靠自己的积极主动性行事，后来他们通过"自我暗示"获益良多。他们每天都会和自己进行类似这样的自我心灵对话："到目前为止，我的生活受阻严重，我的事业岌岌可危，一切都是因为我缺乏决断力，而现在我就决心要解决这个问题。我受过良好教育，血统高贵，而且雄心勃勃。我要是不能做出点成绩实在讲不过去。我很清楚我有很多能力，但是我的一个弱点拖了我的后腿。我只是欠缺依靠自己的判断为自己做出决定、采取行动的能力并因此而无法前进。我似乎没法自己牵头做一件事，其实一旦我启动了，我就能像一台蒸汽引擎那样顺畅工作；但是一想到我要独自展开一件重要事情，在没有其他任何人的协助或者建议之下将事情完成，我就会害怕到不能动弹了。我总是在依赖别人，我依赖他们依赖得太久了，很多年来我总是靠着别人的指示来完成事情，这使得我的首创精神根本无处发展。"

"现在，我要改变这一切。从这一刻开始，我将会成为一个不同的人。我不会再摇摆不定了，我不会再习惯反复权衡和反悔了，也不会再在自己敢于着手做事之前向每一个人都征求意见。我要以那些以强大的首创力和决断力、行动力而著称的人作为我的榜样。我不再是昨天那个犹犹豫豫的我了，今天，我是像詹姆士·希尔或者华纳梅克那样的人。事情必须在今天就开始做，不再有磨磨蹭蹭、拖拖拉拉，不再摇摆不定。今天我的决定将会是迅速而且一锤定音的，我不会再把他们重新拿出来考虑。"

"我可能会犯错误，但我还是会动手做事。我将学会相信自己的判断，终我一生，我将不会做一个跟屁虫、依赖者，我将要成为一个领袖。我将不会等着别人来告诉我，我该做什么，或者由别人来推动我。我将不会像辆没油的汽车那样，每隔一小会儿就跑回来向我的上司求救，要加油。今天，我将会自己给自己的汽车提供动力，让我身边的每一个人都看到今天的我不再是昨天的我，不再是那个不知自己所想、怯懦得不敢自行开展任何事情的人。那个人永远地被放逐消失了。我终于发现了自我，真正的自我。"

你将会获得你想象中的那种强壮、正面的素质的；你会慢慢发展出另外一种品格——更强壮、更自立、更独立。

无论一个出色的商业人士会缺少哪种素质，他身上总有些典型特征是少不了的。他必须是有强烈首创精神的，这意味着他有原创能力、有创意、足智多谋、做人积极——做领袖的人从不会是消极的。他们从不会是模仿复制者，也不是胆小鬼。他们有勇气独立思考与行动。

当我们能够相信自身内神赋的灵魂，当我们学会充满活力地做出决定并且依赖自己的决定，那我们的判断力就会提高。但当我们老想着我们很有可能会在做出决定之后来回反悔几次的话，那我们的判断力就会受到损害。这样一种想法会给许多人的生命带来失败的——"因为想在发现自己所选的道路太过艰难时可以有个退路，所以不敢把自己身后的桥烧掉，要给自己留条后路。"

一个人要是能抱着不回头的决心去做一件事，不达目标誓不罢休，并且以自己遇到的一切艰难险阻作为激励。如果你能抱着必胜的态度，下定决心，一旦决定要学习法律要成为律师，你就会成为一个优秀的律师、杰出的律师，并且愿意为实现此目标毫无保留地做出牺牲，那你的成功就有保障了。你决心中的那种坚定将会帮你克服许多困难障碍——那些困难障碍让软弱的法律学生会转投其他学系，因为这些软弱的学生在一开始就抱着这样一种心态，如果他不喜欢法律的话，那就转系好了。诸如此种半途而废的决定是永远都不会培养出一位律师的。

很多年轻人的问题就在于，他们根本就没有为自己的职业投入足够多，他们也没有那种一往无前的坚持。他们与自己的终生追求之间没有紧密的关系，一点点的挫折或者外部影响就足以让他们放弃了。一个人除非能自断后路并且让自己毫无保留地全身心投入，否则他是不大可能取得很大成就的。

我曾听许多成年人说过："要是当初我能坚持自己的首个决定，要是我能相信自己在终生事业上的判断并且坚持下去直到学业完成，我可能已经有所成就并且远比现在快乐。"

许多的人在悔恨中过着悲惨的生活，那些未能实现的抱负在折磨着他们，只是由于一时的软弱，他们就推翻了自己的想法并且背弃了他们最初的目标。

如果在某个时候，一个人需要勇气、胆量、耐力以及意志力来坚持某个重要决定，总会有一把来自自身或者外部的懦弱声音会说："难道你没意识到这对你来说多么愚蠢吗？当一切都与你的行动相左时，坚持你自己对这件事情的看法是多么愚昧、执迷不悔的做法啊！你做的是错误的决定，而且，你既没有手段也没有能力支持你自己的决定。为了你现在所做的事情而放弃在家人环绕的环境中享受舒适愉悦是多么愚蠢啊！要是人们认为你根本没看清自己的内心呢？最好还是回头吧，承认你的错误吧！这总比继续下去并且做出那么多牺牲要好！"

无论你做什么，也不管你的负担有多重，千万不要在被此类言论狂轰滥炸的时候就轻易放弃了。千万不要听从那些懦弱的声音，它只能在困难出现在你面前时催促你改变主意。一定要坚持你最初的决定！如果仅仅是因为实现目标的道路上有困难就想回头，那将会毁掉你的品质以及你在未来的种种前景。

这里，我有几条实际的建议提供给那些缺乏决断力的人：就你所需要决断的问题，尽可能收集到每一条能收集到的信息，然后迅速坚决地做出决定。

一个能迅速做出决定的人，承担得起犯错的代价。

许多人判断力低下的一个原因是他们自己不相信自己的判断力，他们让其他人来替自己作决定。学会相信自己的观点并且对自己的决定怀抱信心吧。

不获信任的判断就和没有判断一样糟糕。

充满活力的决定是成功人士的典型特征。

让你的决定一锤定音。不要给自己留后路！不要给自己留下撤退的康庄大道！

第八章

发掘无限可能

　　我们能取得多大的成就，在某种程度上，也取决于我们能不能碰上那些适当的促进因素——能唤醒我们的抱负或者我们那些沉睡的能力的因素。如果可能的话，让自己进入到一个可以唤醒抱负、可以给你激励的环境里吧。

当法国大革命正如火如荼之际，法国的王权岌岌可危，它的人民惊慌失措，一个巨人却恰恰在此时崛起了。一个原本默默无闻却足智多谋的年轻人，突然出现在历史的舞台上并力挽狂澜。他知道该做什么，并且大胆提出当时的形势要由他控制。于是，这个年轻的科西嘉人就这样站出来了，他站在了最前沿，成为这个国家的掌舵者并让这个混乱的国度得以恢复秩序；然而就在不久之前，他还是街上一个潦倒、沮丧的学生，认为自己是个失败者还打算自杀了此残生。

然而，欧洲战争为这位年轻人向世界展示他令人惊叹的一面提供了机会。于是，许多此前一直自认普通平凡的人也出人意料地成为令人瞩目的焦点；毫无经验的年轻人正在成就一些英雄事迹——而他们在昨天还做梦都没想到自己可以做到这些事的；至于老手们则在重新焕发青春，并且不断发掘那些原本可能还在冬眠的、连他们自己都不知道的力量源泉，从而为他们国家的最高理想贡献力量。

很多人会因为自己的过去而感到失望。你已经做到的东西对你来说也许不过是你期望中的生活以及你全心相信你会做的事情的低劣替代品。但是，你又怎么知道你已经把自己的潜能全面发掘出来了呢？你又怎么知道自己的身体内没有拿破仑、威灵顿一类人所拥有的英雄力量（正是这些力量让他们顶天立地，让他们成为英雄和领袖，让他们在欧洲战场上名垂青史）呢？你又怎么知道你之所以会有今天是不是因为缺乏适当的刺激，所以你的无限潜能都被封存在你的身体内呢？

有很多的人，即使到了三十岁、四十岁、五十岁甚至是六十岁，都会因为潜能一下子被释放而感到无比惊喜。

在其过去四十年的平凡琐碎生活中，格兰将军的惊人力量都不曾有所展露。他在二十一岁时从一个有三十九个人的班中毕业，二十二岁时被迫退出墨西哥军队。此后他在海关干过，在地产业浸淫过，也在商店、皮革厂干过，而且基本都是以失败告终。在所有这些职业中，他都没展现出那在内战中一鸣惊人的巨大力量。

无论是格兰将军，还是格兰将军的朋友，都从来没有想过他的身体里沉睡着一个巨人，直到战争让他崭露头角。我们的内战就是在危急关头点燃格兰将军强硬性格中那些沉睡火花的引子——如果不是有这么一场巨大的危机，也许那些火花就会这样沉睡下去了。就在三十九岁时，他还不过是个无名小卒，在一个小镇的皮革厂里工作。四年之后，他的名字誉满全球，他成了一个世界大人物，他实现了名垂青史。

在我们的一生当中，我们常常会因为惊鸿一瞥的自我新发现而感到惊喜，那些发现让我们知道，我们只是开发了自身力量的一部分，很多时候，还只是很少的一部分，而这往往是因为我们对封存在身体内的巨大潜能一无所知。

这种事情不胜枚举：当一个人在毫无准备的情况不得不担起某些责任时，他的惊人能力就展现出来了，而那都是些他在之前不曾运用过的能力。他们甚至不知道他们拥有这些能力。

事实是，我们大多数人都对自己很陌生。我们对自己的了解，比对身边人的了解还少。我们当中的绝大多数人永远都没有发现那个最高强的自己。我们驻足于生命的地下室中，围绕我们的都是我们的那些弱点和动物习性，只会偶尔冒险进入到生命的更高层次中去寻找更高的力量和更辉煌的可能。而大多数人即使到死的那一天都没有发现这一切，因为他们根本不知道该如何去发掘，更不知道去哪里发掘。他们没有受过培训，不知道要内省，所以他们终其一生都对自己不甚了解。

赫伯特·斯宾塞① 说："在教育中，应该鼓励最大限度地开展自我拓展。应该引导孩子们自我探索，并自己得出结论。应该在他们年幼时尽可能早就告诉他们要这样做，并且诱导他们尽可能有更多发现。人类的进步基本就是靠自我认识；而为了达至最高成就，每一个人都应该或多或少地进行这种自我认识，这做法一直有各位通过自我奋斗取得瞩目成就的人作为佐证。"

---

① 赫伯特·斯宾塞（1820—1903），英国哲学家。他为人所共知的就是"社会达尔文主义之父"，所提出一套的学说把进化理论适者生存应用在社会学上，尤其是教育及阶级斗争。但是，他的著作对很多课题都有贡献，包括规范、形而上学、宗教、政治、修辞、生物和心理学等。他是进化论的先驱（在理论上的阐述先于达尔文）。

维多利亚时期哲学家们推崇自我发现和自我拓展，其中一个最惹人注目的成功例子就是威廉·罗伯森将军。

他的职业生涯故事不但鼓舞人心而且也是独一无二的。在十九岁那年，年轻的罗伯森是个精干的农村小伙子，他来到伦敦，并且成为第九枪骑兵团的一名列兵。他只在小学接受过基础教育，但是已经懂得下定决心充分运用自己的能力，所以他当时就立即着手接受自我教导的课程了，以此来充实自己。他把他做列兵所得的一切收入都用到书本上了，而且，他还不满足于利用闲暇时间来学习，找机会还会让同伴给他朗读各类英国名著。

英国军队中的军衔晋升并不常见，但在十年之后，年轻的罗伯森通过了严格的测试，并在第三骑兵卫队中谋得一席之地。从那时开始，单单凭借他自己的决心和坚持不懈的努力，他便已经发掘出并且运用好他身体内的每一点力量，从而让自己的职业生涯踏上由一系列成功铺就的康庄大道。在印度，他发现了第一个重大机遇，并且熟练掌握了很多当地方言，由此完成了一系列独特人物——都是那些没法变成方言专家的官员们所无法完成的任务。他还以自己的果敢行动而闻名。在南非，他因为做成了其他人做不到的事情而得到罗伯特勋爵和基奇纳伯爵的赏识；他得以执掌陆军军官学院——这所学校集合了一批才华出众的军官，为他们参与更高层次的作战指挥提供指导。在欧洲战争爆发期间，他以英国远征军军需官的身份前往法国，由于他成功地保障了这支军队的海外补给，后来他得以晋升参谋长。

就如一位同僚对这位通过自我奋斗取得非凡成就的人所做的评

论那样："每个人都应该敬佩他。他是通过单纯的勤奋用功、最大限度地发挥自己的天赋来克服困难并赢得今天这一切的。"

要是每个人都能唤醒自我，认识到沉睡于自己身体内的能力与各种无限可能，并且竭尽自己的全力来运用这些能力，那我们的进步将会是快速的，我们的改变将会是巨大的，一年过去之后我们所认识的就只会是一个全新的世界了。

然而年轻人经常会这样对我说："可我怎么知道呢？我怎么可以确定自己是否有些未被发掘的能力呢？如果我清楚知道自己有罗斯福、爱迪生、华纳梅克那样的能力，或者知道自己有什么特别才能，那我肯定愿意做尽一切苦工、承受一切艰苦来发挥这些能力。而且，只要我知道我最终肯定能成功的话，我肯定不介意付出多少心血或者时间，多少年都不介意。"

为什么我们不是所有人都对自己的工作抱有那样的热忱呢？为什么那种成就了歌唱家、艺术家、演员或者著名专家的力量和坚持不懈——正是这些力量使得他们能够不断在自己的专业领域中拓展——不是人人都有呢？因为我们当中大多数人都不愿意为了那些更高远的东西付出代价，不愿意为了一开始的成功而兢兢业业地工作，而恰恰是那些最初的成功才可以鞭策我们进行更多的尝试；还有就是我们只想在开始之前就能清楚知道最终的结果。

要知道，当你在浪费时间去妒嫉那些帝国征服者、那些跑步选手的时候，你只是在放走了又一个机遇——可以提升你的能力、帮助你进步的机遇。当你还在好奇，那种神秘力量究竟是什么，可以使得一个普通工人成为主管、使得一个巡视员成为工厂业主、使得一个门童成为酒店经理、使得一个合唱团女孩成为明星、使得一个穷困的无名律师成为布莱克斯通或者乔特那样的人物、使得一个学校老师成为学院主席、使得一个普通士兵成为著名将领的时候，有些并不比你更能干的人实际上已经在开始行动了，就在你的眼前，他们已经在开始改变自己。

好好发掘你自己的潜能吧，只有在你自己这里，你才能找到自己的力量，才能找到成功的关键。

我们当中的很多人，他们不是从自身内里寻找动力，而是从外界寻找动力。自古以来，人类一直就在寻找外界的帮助，希望外界能帮助自己承受各种不幸、能改善条件帮助自己减轻痛苦、减少疾病，但是人类从来没有从外界求得解脱。我们刚刚才开始认识到，我们一直哭着喊着寻找的帮助原来就在我们的身体内，不在外面。这种可以让我们得到任何东西、实现任何梦想的力量一直沉睡在我们的身体内，正等待着机会表现、发挥出来。

我们能让自己实现些什么成就，很大程度上取决于我们打算从封锁于身体内的力量源泉中获取多少活力和坚持力量。这些力量中有很多都是在我们的身体内沉睡得很深的，一般情况下他们是无法响应召唤苏醒过来，无法帮助普通人的。只有在巨大危机之下，或者到了灾祸降临的生死关头，我们当中有些人才能认清楚自己。

1908年的旧金山地震和大火让许多人失却一切，就当数以百计的人认为他们此生就此完蛋之后，他们却惊奇地发现，当初被他们看作人生中最大的灾祸原来是一种经过伪装的庇佑。事实证明，那只是他们所需要的催化剂，摧毁了他们所依赖的一切让他们无所依靠，并且让他们发现了自己的能力和巨大的力量储备，而这一切是他们之前从未发觉的。他们惊讶地发现，原来之前他们是如此地依赖物质、金钱、房产、朋友和影响力，而现在，他们从自己身上发现无限大的力量。那些帮助他们重新获得物质的力量不过是这些新发现力量中很小的一部分。

这群熬过了地震和大火的人士，他们的经历和矽金矿里某位矿工的情况很类似，这位矿工在加利福利亚峡谷某个深谷的矿下工作了有些年头，他一直坚持不懈，希望能找到"金子"。很多时候，他曾有放弃的念头，因为他觉得，要是他还坚持下去，他可能就会死于贫困潦倒。但是，某天晚上群山中暴发骤雨，带来了洪水。洪水流过山谷并且带走了数千吨的泥沙。这位矿工认为，他那些微薄的财物、他发财的希望，通通都会随着洪水流走了。但是，当水退却之后，他却发现了之前做梦都没想过的财富——深藏于泥沙之下的、他之前没法挖到的金子。

在今天这个时代，效率和科学往往能发现一些新的生产力源泉，从一些在不过几年前还被我们看作一无是处的废物身上发现巨大的财富。

现在我们都知道，没有东西是毫无用处的，我们正在努力让每一样东西都发挥其价值。

我们通过与蜡烛数量成比例的电流向灯泡供电并获得光明。一个功率相当于四根蜡烛的灯内，其灯丝是无法发出相当于十六根蜡烛那样的灯所能发出的光。我们就犹如人肉灯泡，依附于普世的力量电流，我们会发光，而我们能发出多强的光则取决于自己这盏灯的功率相当于多少根蜡烛。很多人的一生充其量只会发出与四根蜡烛功率相当的微光,不是因为他们没有能力发出更强的光,而是因为他们从不知道该如何展现自己的力量。如果你能成为一盏弧光灯,你为什么还要做蜡烛呢?

有些人似乎还未搞懂该如何盘点自己的资源,不知道他们拥有些什么资产和债务。他们把自己当作弱功率的灯,因为他们不懂得将其现有的力量转发成实在的光或者能力。他们在找到适合的位置之前或者用尽全力之前都在低估自己。

我们经常可以听到人们提到这样一个事实,说他们实在是对自己在生意上或者专业领域中的快速进步感到非常惊讶,在他们一开始的时候,他们可没想到这一切可能发生。他们认为,那是因为他们在一开始就竭尽全力,即使那时他们还没有什么成就。

很多被看作成功人士的人,他们都是在中年过后才找到了开启无限潜能的关键所在,而在此前,他们对此都是一无所知的。

在普法战争爆发前,冯·毛奇是尚未意识到他那些巨大的力量储备的;而法拉古特上将也从不曾梦想过他能有那样的能力穿越水雷满布的莫比尔湾,并且令其曝光于世。

林肯在当选总统之前、在面临国家生死存亡关头——真是这种危急关头把这位领袖、主管者身上的超凡品质唤醒了——之前是否认识到他可以如此伟大呢?这本身就难以确定。

也许你真的相信,你正在工作中尽你所能发挥,你已经把每一点力量都运用到最有可能的有利条件中。换句话说,你可能相信,你真的已经在工作中竭尽全力了;但是让我来告诉你,一旦你的生活遇到这么一个时候，需要你为了对外的目标而运用起你的力量，那时你和你身边的人就会惊诧地发现，在这种特殊时刻，原来你有之前难以想象到的种种力量和能力。

我们当中已经有多少人曾有过这样的经历？我们的生活遭遇了突如其来的危机，它是如此突兀而紧急，需要有极大的力量和极高的筹谋才能对付过去，而这时我们往往会为自己在应对危机过程中所展现的能力而惊叹不已。这些危机，有可能是财物的损失，有可能是父亲的离世导致我们突然间要承担起我们原来并未想过自己可以承担的责任；这种危机也有可能是我们没法实现自己迅速唤醒身体内那种气概的梦想，但无论在这些紧急关头我们要面对什么，它们都会帮我们发现自己。

在沉睡于燧石内的火花终于等来了摩擦并因此被点燃之前，我们当中没有人知道自己的身体内究竟藏有多少的火药。很多特质都是这样的，平凡生活中的普通事情是不会唤醒或者挖掘出人们的最大天赋的——因为这些天赋潜藏得太深了，不容易被激发。

持续几个世纪的和平是不会激发诸如冯·毛奇和格兰特等人的最佳能力的。有时候，在某些人经历过巨大的危机——这些危机大得足够唤醒他那些天赋的能力——之前，你是没法发现他身体内究竟有些怎样的潜能。

对一个人来说，最美妙的事情就是被唤醒，从此认识到封存于身体内可以缔造奇迹的力量。人生要获得成功的第一步就是要认识自我，因为无论一个人体内冬眠着的各种潜能有多大，要是他没法发现自我，他是没法运用这些潜能的。

教育中的一大问题就是我们能在多大程度上教会年轻人认识到自己的潜能、教会他们唤醒自己那些潜伏的活力，能在多大程度上展示出他们最好的自我、激发他们的成长与发展。仅仅是把某些事实塞进学生的脑子里，通过反复啰唆和模仿来教育他们，让他们的脑海里充斥着各种事实、原理、规则，这可不是教育——这只是"脑力填鸭"。真正的教育是一种演进发展的过程，唤醒人脑内的能量并让其好好发展，并且会锻炼人的心灵素质，让人有足够的精力并且足够强壮，可以抓住并把握住该把握的一切。

能够通过鼓舞和激励来带领学生发现自我的教师就是最出色的教育者。

一位非常出色的人士曾告诉我，随着他的大学岁月回忆在脑海里不断放大，他明白到，他从大学里得到的最好东西不是他在毕业时收到的文凭，而是他从一位教授那里得到的鼓舞——这种鼓舞似乎触及了他内心的自我力量源泉，让其变成了一股喷泉并惠及其一生，而且这种力量源泉的作用是不断变得越来越清晰的。他在大学课程里学到的很多事实和原理都逐渐在记忆中变得黯淡，但是来自教授杰出人格的鼓舞让他的生活变得更好、让他缔造了奇迹，并且从来没有在记忆中褪去。

要是当我们离开学校或者大学时，我们已经更加清楚自己那些有生产力的思想素质能给自己带来怎样的力量和源泉，我们也许就能早点发觉出自身的力量。

我们当中大多数人的最大问题就是我们甚至都没去试试发现我们自己。我们没有尽到最大的努力去发掘沉睡的力量。我们只是擦着肤浅的表面游走，根本没有尝试去寻找能开启无限潜能的钥匙、能释放沉睡于深处的力量的钥匙。我们宁愿满足于在平庸铺就的旧路上蹒跚前行，也不愿努力让自己进入到前人不曾进入过的地方。

除非你至少尝试过去发现自己，否则你永远都不能让自己的生活有多少成就。为了发现自己，你应该将自己置于最有利于实现此目的的位置上；如果可能的话，你应该与那些所实现成就与你的抱负相差无几的成功人士保持密切联系。

和那些强大的人物接触对发现自我是很有帮助的。那会鼓舞我们的灵魂，并且在我们的生命祭坛上燃起永不熄灭的熊熊大火。

当温德尔·菲利普斯还是哈佛大学法律系一名正准备开始执业的年轻毕业生的时候，他听到威廉·劳埃德·加里森[①]描述的奴隶制恐怖情状。这激起了这位年轻律师心中对抗不平的沉睡力量，也促使他最终关闭了自己的律师事务所并且投身支持黑人事业。

爱默生则唤醒了数以千计的沉睡心灵，很多人如果不是因为他，永远都不会醒悟过来。他改变了人们的生活哲学，他唤醒了他们的理想主义，并且向他们打开了新世界的大门。

丹尼尔·韦伯斯特[②]让许多人知道原来自己可以成为演说家，菲利普斯·布鲁克斯[③]和亨利·沃德·比彻则激励了很多年轻人进

---

① 威廉·劳埃德·加里森（1805—1879），美国著名废奴主义者、记者、社会活动家。同时是废奴报纸《解放者》的主编。美国反奴隶制协会的创始人之一，主张"立即解放美国奴隶"的废奴观点。他一生还为妇女争取选举权的运动摇旗呐喊。

② 丹尼尔·韦伯斯特（1782—1852），美国著名政治家、法学家和律师，曾两次担任美国国务卿，一生政治观点灵活多变。

③ 菲利普斯·布鲁克斯（1835—1893），美国著名作家、牧师。曾经在19世纪90年代任马萨诸塞州圣公会教堂主教。

入布道行列。

在英格兰，数千名的年轻人因为拉斯金和格莱斯顿而过上更加高尚的生活。有这么一种说法，说是在格莱斯顿管治英格兰的时期，每一位年轻人都受到了格莱斯顿①那非凡的职业生涯的鼓舞。类似的说法也围绕着他的出色对手迪斯累利而流传。同样，不计其数的年轻美国人受到了罗斯福那过人精力的鼓舞而发挥出更多的才能。

很多商业机构都会在其旗下的不同分部派遣一些业绩领先者，好让他们成为别人的榜样，鞭策着其他人，好让他们怀有抱负，立志成为同样出色的人。通常来说，年轻人看到别人从事同样的工作却做得更好时，他们自然而然地就会受到感染，希望发挥更大的力量做得更好。

赛马在有势均力敌的对手时会跑得更快——因为这时它会受到刺激，立下了追赶或者保持领先的决心。

两匹齐头并进的赛马在一起都可以跑得更快，而要是只有其中一匹就做不到了，因为它们只有在一起才能互相刺激对方、鞭策并激励对方。

我们一生当中都能遇到这样一些激发我们抱负的人，如果我们能殷切地追随这些品格楷模，以他们为追赶的目标，那我们肯定会因此获益的。

一方面，我们的脑力能发挥到何种程度、我们能唤起多少沉睡的能力首先取决于我们自己，另一方面，决定我们的发展状况的几

---

① 格莱斯顿（1809—1898），英国政治家，于1868—1894年四度任英国首相。

大主要因素就是我们身处的环境、我们的旅途、我们所遇见的人，以及我们所选择的理想、教育还有我们所看的书。

我们一些伟大的作家就激发了许多年轻写作者身上的文学火花，要不是因为有他们的激发，很多人也许终其一生都没法唤醒自身的写作潜能，连一行内容都不会写出来。

莎士比亚唤醒了很多人脑海里原本只是一片荒芜的区域，并且让其变得肥沃。世界上又有谁可以衡量这位戏剧大师在唤醒人们的戏剧能力方面究竟有多大的丰功伟绩呢？

那些历史的明灯、那些书写历史的杰出人物对我们有着巨大的恩情，而我们对此又有多少认识呢？想想吧，要是那些备受我们敬爱的人物、那些在塑造我们品格过程中发挥了很大作用的榜样人物通通都不曾出现过，那我们的生活将会多么荒芜、贫乏啊！

假如，所有有关亚伯拉罕·林肯的痕迹都被从历史中抹去、从人们的意识中抹去，那将会是一种无可挽回、无可弥补的损失！每天都有千千万万的年轻人因为熟知亚伯拉罕·林肯的种种尝试和历经挣扎后最终取得的胜利而受到鼓舞，并以此战胜挫折。每当他们想到林肯这个来自偏远地区的男孩出色地克服了种种障碍和困难，实现了让自己发挥出最大能力的目标，他们就会以中途放弃理想为耻、以中途折返退却为耻。

不同的东西可以唤醒不同的人格。不同的体验可以激发我们脑中某些特定的能力；那可能是一本激动人心的书，一场给人启发的演讲或者布道，又或者是一份建议、一份来自对我们有信心的朋友的鼓励；那还可能是一场生活中的紧急危机，或者是一些巨大的失败或折磨，而正是这些事情挖掘出了我们最为高贵的特质，也让我们对自己有了全新的认识。

无论动因是什么，我们都知道，世界的进步取决于我们能在何种程度上发现并运用好自己的潜能。文明的奇迹来源于个人沉睡力量的唤醒。

当林肯第一次去到新奥尔良的时候，他看到了黑人孩子被迫和父母分离，原来和睦快乐的一家人因此骨肉分离，像牲口一样在市场上交易，最终被卖作奴隶；他所看到的这一切深深触动了他，激发了他对奴隶制这种反人类事物的厌恶，并且在他的心中燃起了一团火焰——最终这团火焰帮助他将奴隶制从我们的宪法中剔除出去。

当额斯凯恩伯爵还是个无名小青年的时候，某天他闲逛进某个法庭，正好听到了英格兰一位出色的讼务律师在陪审团前作出一番激情迸发的辩护，这番辩护让这位小青年发现了自己的法律天赋，而这发现又让其喜不自禁，在他开始学习法律之前，他几乎都没法在如此惊喜的发现面前保持自制。就在那时，他决定了以后的职业路向。就是一件这么简单的事情改变了他的一生，这为他自己开启了未来，也为英格兰带来了最明亮的法律之光。

我们的身体里有着成千的各种特性，犹如一个个密室，每一种都被人自己的耶鲁锁封锁起来了，而除非我们自己找对了钥匙，否则这一切都不会开启。而我们当中有些人，总是能开启一些之前完全没有感知到的其存在的密室。某些偶然而来的相识就能给许多人启发，并改变其整个职业生涯。从友情之手的温暖一握，到带着鼓励之意的只言片语，往往都会成为某些人生命中的转折点——那些人原本意志消沉，并且已经放弃再去尝试发现自己、提升自己了，但是这些鼓励改变了他们。不到开启之日，我们永远都不会知道，什么东西可以开启潜藏于我们身体内的新密室、可以释放出哪种承受压抑的力量。

环境的改变、新获得的体验、一本给人启发的书，都有可能成为开启你身体内无限可能的钥匙，并且可以让光明涌进并照亮那些此前只有黑暗和寂静的地方。

我们能取得多大的成就，在某种程度上，也取决于我们能不能碰上那些适当的促进因素——能唤醒我们的抱负或者我们那些沉睡的能力的因素。我经常都会听到某些成功人士说，如果不是因为当年发生在他们身上的某些事情，他们也许永远都不会如现在一般成就卓著。

如果可能的话，让自己进入到一个可以唤醒抱负、可以给你激励的环境里吧。你会惊喜地发现，原来这样一个环境可以如此打动你，使你加倍努力，还可以唤醒你那些沉睡的力量、鞭策你做更新的尝试。

那些把自己与同类隔离开来的人，那些不热心与人交流、不希望离开自己熟悉的日常环境、让自己困守在一条路上的人，实在是犯了一个很大的错误。这些人根本没有意识到，他们不让自己接触全新的体验，他们很可能就永远没有机会找到那些开启身体内各个耶鲁锁的钥匙，而那些钥匙意味着新的希望、新的生活，意味着有可能做出更大的贡献、获得更大的成功和快乐。

人类生来就是要聚居在一起的，就是要和彼此交流沟通的；

那些优秀的沟通者，那些能在不同事务中游刃有余的人，那些热爱其同类的人，他们不但能让自己的生活更快乐、有更多贡献，而且他们还能因此不断发展自己、提高自己。和人们保持联系接触，尤其是和那些有文化素养并且见识广阔的人多联系接触，对你来说本身就是很好的教育。这些活动会把"人"这颗宝石上的粗糙尖角磨掉，将其打磨得更闪亮、并且展现出其原本一直隐藏的美丽与价值。

只要我们愿意的话，我们所有人都可以帮助他人发现自己。而且，鼓励他人、帮助他人开启新的可能，让光明照亮他们生活中那些未知的区域，是一个人所能做到的事情中最为高尚的一种。世界需要那些优秀的鼓舞者、激励者，需要那些能唤醒寻常男女身体内的不寻常力量的人——这种需要甚于对优秀律师、物理学家或者政治家的需要。

但是，想要帮助他人发现自我，我们首先必须发现自己，否则我们是没法帮助别人的。生活对我们所有人来说就是一段发现的旅程。归根结底，我们每一个人，都应该成为自己未知潜能领域中的哥伦布。

第九章

全力以赴　做到最好

你应当下此决心，不论服务于哪个岗位，都要求自己做到最好。只有这样，你才能做自己的主人，做工作的主人，才会拥有成就感。正是好与更好，更好与最好，普通技能与专业技能的细微差别，决定了许多人的一生究竟是活得平庸还是精彩。

笨手笨脚的员工为自己工作上的失误道歉，并表示自己已经尽了全力。他的雇主说道："任何笨蛋都懂得道歉，我希望你能全力以赴，做得更好。"

有人问雕塑家瓦德①："你最满意的作品是哪个？"瓦德回答道："下一个。"

把最好做得更好，以求达到理想结果的人，必定拥有高尚、敬业之品质。如果我作为雇主，碰到如此力争完美的员工，一定会毫不犹豫地纳为己用。

了解一个人的最佳办法，就是观察其工作的态度、工作时的精神以及工作的质量。马虎对待工作的人，一定不会是怀抱远大理想之人。只有认真仔细地完成工作，才说明此人具备不同凡响的精神品质。如今的世界，伟大并不都由天才造就。能在竞争中脱颖而出的，只有那些永不满足于已得成就并且不断打破纪录的人。

_____

① 约翰·奎斯·亚当·瓦德（1830—1910），美国雕塑家，联邦大厅前华盛顿雕像的作者。——译者注

曾经有一位元帅兴高采烈地去跟拿破仑邀功，说道："陛下，我们已经攻下了一个炮兵连！"没想到拿破仑只是冷淡地回应一句："那就继续攻下一个。"

很多人止步不前，只因为满足于现已取得的成就，并从此羁绊在自己所造就的光环之下。

在我认识的诸多成功人士中，有这么一个人，他除了拥有不断改进的精神外，既不聪明，也没有任何天分。他的成功得益于对一个原则的坚持，那就是：明天一定要比今天哪怕只有一点点的进步。他不依靠聪明才智获得成功，而是不断地改进自己已经完成的工作并使之更加完善。把昨天未尽之事做得更好已然成为他工作的激情，他也因此获得事业上的成功。很多人无法理解，如此一个资质平庸的人怎么会获得这样大的成功。其实秘密就隐藏在他永不止步、把最好做得更好的精神里。

谦虚使人进步。只要你不止步、不停歇，就能把最好做到更好。

伟大并不专属于天才，如果能有更多人明白这个道理，就能减少许多无谓的等待：等待天降大任，等待造就成功的机会降临。相反，他们会每天都努力超越昨天。辛勤工作的人心怀远大理想，力求把最好做得更好，坚持不懈地追求进步。比起那些终日等待天时地利，等待天降大任之人，他们也因此走得更远。

一年下来，每天都做到比昨天有进步的成效是惊人的。一点一滴的进步累积起来便是成功。今天进步一点，明天再接再厉，三百六十五天过后，奇迹便会发生。

钢铁生产巨头、百万富翁查尔斯·M.施瓦布[1]在一次面向纽约市青少年的演讲中说道："无论你从事何种行业，只有你做得比其他任何人都好才有可能成功。单单凭借这点就足以让人对你刮目相看。我们在做好本分工作的同时，只要比别人多做一点，那就是进步。"

人们感到困惑不解，这个年轻人的进步怎么如此神速。他们于是将之归纳为运气好。可是，运气为什么总光顾他？答案其实就隐藏在平凡与卓越的差别中。因为这个年轻人懂得把卓越的标准提高一点，并按照自己的想法一步步去实现，最终闯出一片崭新的天地。他坚持不懈、踏踏实实地向前走，慢慢地超越所有人，跑到了最前端。他总能在这个世界占领一席之地，让全世界的人都看得到他。而他的办法也只有一个，那就是把最好做得更好，永远比别人要求的多做一点。也正因于此，他，威廉·爱德华·比米斯[2]成为美孚石油公司最出色的领导之一。比米斯先生从一个小小的会计师上升为公司国外部的总经理，并因为工作得以经常周游世界。

比米斯年轻时候从事的职业被一般人认为是枯燥无趣、没有发展前途的，但他并没有把自己局限在日常单调的工作中。他时时要求进步，并想方设法地引起其直属上司甚至公司高层的注意。

"他成功了。"一份最近悼念他的文章写道，"通过比较各个炼油厂的成本价格，他写出了一份新颖而有价值的报告，并成功地抓住公司高层的注意。为此，他迅速地晋升为美孚石油公司的管理

---

① 查尔斯·M.施瓦布（1862—1939），美国钢铁——巨头。——译者注
② 威廉·爱德华·比米斯，美孚石油公司的管理者之一。——译者注

者之一。"

当你第一次接触一家企业时，最先体会到的就是该企业领导人的素质。如果是那种不满足于现状并不断要求进步的老板，就会不断改进自己公司的外部形象，内部设施以及各项服务的质量。只有这种不断提高产品质量，推陈出新，什么时候都要求获得最大效益的企业家才能最终收获成功。

只要有理想，每个人都可以在某个领域里成为人上人。成功的唯一障碍在于我们自己。抱怨时光荏苒，机会错失，或者觉得自己心有余而力不足等通通都是借口。只要自己渴望成功，无论何时何地，你都可以做到。

二等的商品只有在人们得不到一等商品时才会被接受。如果经济条件允许，谁不愿意买最好的衣服，吃最好的黄油、上等的肉和面包？即使我们没钱享用，心里不也希望能得到最好的吗？居人之下的员工就好比二等的商品，只有在雇主得不到比他们更优秀的人才时才会得到青睐。

只要你足够优秀，不论你身处何种境况，属于哪个种族，都会得到重用。三百六十行，行行出状元，身怀绝技之人总能得到成功的垂青。

然而，优秀、出类拔萃不是轻易就可以做到的。没有付出就不会有收获。你必须保持思想高度集中，时刻坚守岗位，并且不断追求完美。当然，相对于整天为进步而奋斗，懒散度日则更为轻松。想成为怎样的人，是人上人还是人下人，就看我们付出了多少努力。我们只要愿意，都可以比昨天更上一层楼。

任何一位人生刚起步的年轻人，如果碰到有人暗示说他以后都不可能超越现有的成就，就会感觉受到了侮辱。这就好像告诉一位年轻律师，他刚打赢的官司是他一生中最精彩的一次，他今后都不可能再超越这个极限，因为他已经在陪审团面前做出他一生能做的最动人的陈述，他那是超水平发挥，以后都不可能比现在更加成功。你觉得他会给予什么样的回应？这就好像告诉一个包工头说他所建的某栋房子是他一生中所能建的最完美建筑，以后都别想有所超越；或者告诉一名速记员说，她的记录速度已经达到极限，下半辈子都无法再打破这个纪录，所以也别再白费工夫了一样，他们都会怎么想呢？

他们会生气并反驳你。因为即使是最普通的文员在你说他今后不可能做得更谨慎，更完善，对客户更彬彬有礼，或者更能取悦顾客时，他也会觉得受到了侮辱。

我们每个人的身上都有股潜在的力量，告诉我们自己还能做得更好，还能取得更大的成就。我们相信自己有能力超越过去；我们相信自己能比过去做得更好。我们需要的，是比过去投入更多的精力、时间和热情。只要我们更认真更努力，就能做得更好。

我活到现在还从来没有遇到过这么一个人，一个职员、推销员，一个律师、作家、艺术家或者商人，会承认自己已经达到事业的顶峰。我们身边最勤奋的人都有可能超越我们，所以我们不能气馁。我们身上蕴藏着无限潜力，所以超越过去是完全有可能的。既然如此，我们为何不去努力呢？我们为何要甘于平庸，任由惰性阻挠更上一层楼？我们为何要局限于琐碎工作而不去干一番大事业？

埋怨运气太差，或为失败大发牢骚，是干事业的人应该做的吗？我们扪心自问，自己是否已经尽了全力，把所有事情都做到最好？我们之所以感觉受辱，不愿意承认我们已经达到极限，是因为心里不服气，还希望能够走得更高、更远啊。

事实上，我们对自己都不够严格。我们太容易屈服，对自己太仁慈、太娇惯。就像慈母对待孩子一样，我们对自己的要求太低，甚至允许自己犯一些我们不允许孩子犯的错误。我们屈服于习惯，逃避困难，专挑容易的事情做，一遇到阻碍便退缩。这些都是我们没有全力以赴的表现呀。

也许你认为自己为了成功已经尽了最大的努力，但假设有人愿意给你双倍、三倍甚至四倍的工资，要你在六个月内超越自己，变得更加优秀，你敢说你不会更加努力地去完成任务？你敢说如果面前设有这么一个目标，你不会因此迸发出更多的灵感、更多的创意，投入更大的努力、更强的兴趣以及更认真的工作态度？你敢说你不会给自己加班把工作做得更好？年轻的朋友，那时的你还会介意是否提早上班或推后下班吗？还会认为在午休或晚上的时候花个五分钟、十分钟临时抱佛脚，就可以轻松完成任务吗？你难道不会更加一丝不苟、更加努力地应对工作？那时候的你还能像现在一样马马虎虎了事，时不时再犯点儿小错误吗？

其实你心里非常清楚，如果真有那样的机会，你一定会利用一切手段来达到目标。你早上会提前去上班，以最佳状态开始一天的工作。你会更加注意形象，不再穿弄脏的亚麻布衣服和没有擦亮的皮鞋。你还会保证每天都以最佳状态出现在办公室，穿着正式，彬彬有礼。那时候，你一定不会愿意给任何人留下丝毫不良印象。

也许你玩世不恭，工作马虎，觉得是否事业有成并无所谓。如果是这样，你最好马上端正这种生活态度，重新树立目标，并以积极向上的精神面貌去为之奋斗。你必须有不做二等公民的决心、不敷衍了事的态度，做什么事都全力以赴，争做人上人。无论身在何处，都不要甘于做沉默胆小的看客，而要勇敢地站出来，成为有权威的领导者。

你应当下此决心，不论服务于哪个岗位，都要求自己做到最好。只有这样，你才能做自己的主人、做工作的主人，才会拥有成就感。

一旦稍强于他人便沾沾自喜也是不可取的。因为我们不需要和别人比较，你的竞争对手只有你自己。请记住，领先你的邻居也有可能是落后于你自己。

告诉自己，无论在工作上还是对社会的贡献上，都必须摒弃自卑，相信自己能做到最好。让"做最出色的人，不被任何人赶超"成为你的座右铭吧。世上只有一个目标值得人类去为之奋斗，那就是：竭尽全力出色地完成任何任务。

切莫再幻想哪天你会喜得天助，只要事事都能全力以赴，做到最好，成功便不再遥远。专注多一点到工作上，铆足马力，敢做敢为，让对成功的渴望驱动你前进，那样在不知不觉间，你就会发现，自己已经积攒了足够的能力来成就所有的事业。

如果一般的努力就能带来成功，那么不懈的努力又会带来什么？如果一点点的智慧加上稍微的专注就能帮助一个人在事业上游刃有余，那么当他倾注所有热情，全身心投入，以做到最好的决心、大师的精神和艺术家的执着做一件事情的时候呢？

正是好与更好，更好与最好，普通技能与专业技能的细微差别，决定了许多人的一生究竟是活得平庸还是精彩。

大卫·劳合·乔治①在面对战败危机时曾对他的英国子民们说道，没有破釜沉舟的决心，就不可能赢得胜利。而人生也像战争，而且是一场持久战。如果我们没有全力以赴，便可全盘皆输。只有做到最好才能赢得胜利。人生最大的成就便是在任何事上都倾尽了全力。没有全力以赴的人生也终将遗憾。

在我们每个人的心中，都有一个法官。他虽然沉默不语，却铁面无私，对我们的所作所为都能做出最公正的评判。我们无法贿赂他，一旦做错了事，就得受到惩罚；反之，则得到褒奖。所以，我们只有全力以赴，出色地完成所有任务，才能得到他的肯定，也才能走得更远，获得可以持续一生的成就感。

---

① 大卫·劳合·乔治（1863—1945），1916—1922年的英国首相。——译者注

第十章

义无反顾　迈向成功

　　在竞争激烈的今天，只有义无反顾、全身心投入工作之人才有可能成功。他们以自己的方式在世界占领一席之地。而那些只付出一半努力的，也就只能收获一半的成果了。一个人如果没有人生目标以及实现目标的决心，就不是真正活着，而只是存在着。

种射程超过25英里（40.2335公里）的新型榴弹炮，如果没有以正确的方式加入足量的火药，便无法完成其25英里的射程。假如炮手仅仅加入一半的火药，此榴弹炮会因火力不足而中途坠落。但并不是下足了火药便能确保命中目标，火药的质量也非常关键。优质的火药即使不足量也能释放出足够的能量。因此，军队要上战场就必须准备好充足的火药，否则，损失将不可估量。

然而，在人生的战场上，又有多少人会带足火药。他们因此难以射中目标。如同榴弹炮，梦想的实现也需要借助火药的力量，而该火药便是人们想要成功的决心。一个人有多少对成功的欲望，付出多大的热情和努力，就会收获多大的成就。

看到很多人仅有对成功的渴望，而不付诸行动，觉得十分可悲。他们没有意识到渴望成功和获得成功完全是两码事。仅有渴望的人，和那些为了渴望抓住一切机会并付出一切代价的人有着天壤之别。有的人总在等待好运降临，等待机会出现，等待贵人相助；

而有的人则破釜沉舟，义无反顾地投身事业，并越挫越勇。这两者的区别就是平庸和辉煌之别啊。

坚定不移迈向成功的决心和意志，任何时候都能带你逆流而上。无论是波涛汹涌，还是暗礁险滩，只要意志坚定，就能到达目的地。但若意志薄弱，决心动摇，就会如同一条死鱼，和那些没有力争上游的人一起，随波逐流。

能力不足不要紧，倘若缺乏不折不挠的毅力和义无反顾的决心，则绝不可能造就任何辉煌。

在竞争激烈的今天，只有义无反顾、全身心投入工作之人才有可能成功。他们以自己的方式在世界占领一席之地。而那些只付出一半努力的，也就只能收获一半的成果了。

请君铭记，世上从无不劳而获的果实。爱默生①的一句名言更是道出了这个真理："人只有在谢绝了所有人的帮助并独自奋斗时，才有可能变得强大并获得成功。"

年轻人哪，只有觉悟到这点你的人生之路才算是步入正轨。在开创事业之前，你就应该抛下等待别人助你一臂之力的念头。因为除了你，世上没有第二个人能够帮你建设人生蓝图。

这个世界充满太多等待别人前来推他一把的人，他们是永远成就不了大事业的弱者。即便他们通过别人的帮助达到目标，他们也没有能力守住。我就认识很多这样的人，他们成天设想如果自己也能有这样那样的机会，会干出一番怎样的事业。他们如果也能上大学，他们如果也有机会获得这样的培训……但问题是，没人来帮助

---

① 拉尔夫·瓦尔多·爱默生（1803—1882），美国散文家、思想家、诗人。

他们上大学，没人来完善他们的人生，也没人来成就他们的事业。

无论拥有什么优势，此类为自己的平庸找借口之人永远不可能有所成就。而那些自立自强，勇往直前的人则不会为任何困难所摞倒。他们就算身患残疾，遇到天大的障碍，也一样能获得成功。如今有千千万万的大学生，他们都是凭靠自己的努力和信念，才得以进入大学接受教育。他们很多人来自落后的农村家庭，是车间或者工厂的工人。有的家境贫穷，甚至需要和父母一起养家糊口，有的则身体不便。然而，他们都怀有无论如何都要上大学的决心。不管旁人如何嘲笑，觉得他们纯属痴人说梦，他们照样咬牙奋斗。这种从社会底层奋斗成功的故事不是常有的吗？他们下定了决心并且付诸了行动。但如果有哪些"善人"觉得他们可怜，用金钱帮助了他们，我想不单是这些原本需要自己奋斗的年轻人，长远来看，就连整个社会都会因施舍而落后。

"相信自己吧！每颗心都会为此而颤动。"

婴儿在学走路时都知道必须相信自己，勇敢尝试，否则永远都学不会。狗在学游泳时也从不会害怕下水。由此看来，动物和婴孩都比成年人更有智慧。

就拿游泳来说吧，纯粹是对自己的能力有无信心的问题。淹死的众生都是因为不相信自己能游泳而死。克服胆怯的心理，完全控制住自己的意志，相信自己的能力，也便学会了游泳。

当你切断一切外力的帮助，就会惊讶地发现自己身上原来藏有一股新的力量，是以前从来不知道的。而这股力量只有在你不再依赖别人的帮助，敢于扔掉拐杖，独自挺立于天地间时才会出现。

小科纳利乌斯·范德比尔特[1]从小就知道自力更生的重要，并因此受益终生。在他还是十几岁的少年时，他甚至没有通过学校老师的推荐，就直接向纽约鞋和皮革银行的总裁申请职位。

总裁看过信后问他和范德比尔特[2]准将有什么关系。

小范德比尔特回答道："他是我的爷爷。"

"那你为什么不直接让你爷爷推荐你呢？"

"因为我不想通过他的关系得到这个职位，我要靠我自己的力量。"这位固执的应聘者回答道。

于是他受聘为银行的通讯员，并在工作中展现了其他优秀的品质。

据说，范德比尔特准将在听说这件事后，表示非常高兴。他很赞赏孙子自力更生的精神，并因此修改了遗嘱，增加留给小科纳利乌斯的遗产。

一个人的不幸在于没能得到发展其独立个性的机会。一个被宠坏了的孩子，通常只会成长为默默无闻的人，因为他的家人剥夺了他得到锻炼的机会。

对孩子独立性的培养，不亚于医学院或法学院对一个准备当医生或律师的学生的培养。同样，一个年轻人如果生活在奢华娇惯的环境里，永远也不可能成为妙手仁心的好医生或能言善辩的好律师。

正如钟表的作用在于记录时间，人活着的意义就是不断追求。

---

① 小科纳利乌斯·范德比尔特（1843—1899），铁路大亨范德比尔特的孙子。
② 科纳利乌斯·范德比尔特（1794—1877），美国铁路大亨。

而只有通过不懈的努力和独立自强，我们才能激发自己身上最大的潜力。

一个被宠坏的孩子通常很少跟外界接触，整天被溺爱他的家人包围着。他们长大后既怯懦又无能，而且狂妄自大。世上再也没有比他们更叫人讨厌的小可怜了。因为缺少父亲的教导，又无偿拥有父亲辛苦赚来的钱，他们往往自命不凡，而他们的母亲又只会不断地满足他们的宝贝们的各种物质要求。作为旁观者，我们真心希望这些孩子可以得到吉卜林① 小说《勇敢的船长》里主人公一样的海上经历，从一艘远洋轮船上失足落水，让海洋冲去他们一部分的自以为是，再让救他的渔民教会他们懂得生活的艰辛吧。

和这些被宠坏的孩子相反，温德尔·斯库，一个以卖报为生的男孩，反而更有志气。他卖了十二年的报纸，把挣到的钱攒起来，凑够了上大学的费用。

在那十二年的漫长岁月里，不论是烈日当头还是大雪纷飞，这个男孩都风雨无阻地站在费尔蒙特公园（坐落于美国费城）33号街道或里奇大道的门口卖报。终于，他给自己攒下了2600美元，足以缴纳宾夕法尼亚大学四年的所有学杂费。

如今，没有毅力和勇气的人只能任由强者摆布和利用，他们无法在社会上昂首挺胸地做人。虽然这种现象违背民主，但现实就是如此，因为没人可以代替你生活，也没人能比你更了解自己的才能。

在我的手上有一封信，是一位年轻人写给我的。他问我"怎样

---

① 吉卜林（1865—1936），英国小说家、诗人。

才能获得成功"。我认为，一个有抱负、目标明确的年轻人是不会向别人咨询这个问题的。像林肯、格兰特、格莱斯顿、迪斯雷利、爱迪生、华纳梅克、卡耐基、施瓦布等古今的伟人，都懂得力争上游的道理。他们从来都不会问别人要如何获得成功。

在这个快速发展的时代，没有能力成为强者的人就只能甘当弱者。如果自己不去争取，就更别想得到渴望已久的东西。游手好闲、左右不定的人从来不知道自己想要什么，他们一时一个想法，没有一个坚定的目标，也因此无所作为。如果你想有所成就，就必须要下定决心，并付诸行动，发挥造物主赋予你的一切才华，利用一切所能利用的人际关系。

即使是阻挠你成功的障碍，也能成为你达到目标的工具。只要你相信自己，勇往直前，就能将敌人纳为己用。

渴望、激情、男子汉气概、坚定的目标、果敢的个性以及强烈的意志，都是你获得成功的保障。没人能助你一臂之力，告诉你应该在什么时候、什么地方和怎样做。如果你对此仍心存希望，就只能跟随河里的死鱼一起随波逐流了。

要成功，就必须竭尽所能。即使我们的盔甲有破绽，我们也要有获胜的信心。只要我们意志坚强，性格独立，不害怕困难，不要动不动就寻求他人的帮助，我们就能利用手中的武器，赢得战役。

拿破仑曾说："上帝只眷顾最强大的军队。"从道义上说，这句话也不无正确，因为上帝是公平的，只有那些准备得最好、警惕性最高、最勇敢、目标最坚定的人才能得到青睐。

你站在一扇门前，埋怨没有钥匙怎么开门。但其实这扇门是你自己关上的；你的幼稚，你的胸无大志，你的懒惰，你的怯懦，都是把门关上的罪魁祸首。在你等待别人来给你送钥匙时，比你更勇敢、更坚毅的人早已想到办法把门打开，不知道已经领先了你多少路程。力量的天平永远只向信念坚定的人倾斜。

我还从没碰到过一个嘴上说想成功就能立马成功的人。只有不屈不挠、坚定不移向目标前行之人才有可能走到最前面。还有一些年轻人甚至可以为梦想献身，他们不惜挑战身体极限以收获成功。这些人中就有一位盲人，居然立志当医生，而且还做到了。他现在已经是医学硕士的毕业生。

有两个男孩，一个截去了一条腿，另一个完全失去下肢。尽管身体已经不再健全，他们并没有放弃自己，仍然设法自己赚钱上大学。不幸虽然夺走了他们健全的身体却无法夺走他们的勇气和智慧。他们不但没有成为亲人的负担，反而越挫越勇，向更大的目标前进。

很多身体健康的人认为自己的失败是命中注定、非人力可以改变的。他们坚信无论自己怎样努力都无法改变既定的事实。然而，前面所述的那两个男孩却告诉我们，勇气绝对可以战胜命运。只要有勇气，就能创造奇迹。

宿命论对信念坚定的人不起丝毫作用。他们坚信命运只掌握在自己手中，只有自己才是人生的主宰。你有改变命运的力量，因为命运就是你一手造就的。人生这场戏该怎么演，就得看你自己的编剧水平。如果你严于律己，不错失任何良机，并把自己的优势充分发挥出来，就不怕得不到完美的结局。

"要是我不用养家糊口，"一个不断把失败归咎于环境的男人说道，"我肯定能够征服世界。但我有一家子人要养啊，所以至今还一事无成。"而当他真的失去家人，摆脱家庭之累时，他又抱怨说："如果我有家人，我还有奋斗的目的。但是我现在连一个亲人都没有了，叫我为谁努力呢？"

弱者总能为自己找到一箩筐的借口。他们的人生道路就好像竖满了无数道不可逾越的高墙。然而对于强者而言，他们的字典里就没有"不可逾越"这四个字。就算身患残疾，四面临敌，受尽欺凌嘲笑，他们也有信心克服所有困难，因为他们对成功的渴望已经超越了所有。

这种全力以赴以求最好的意志，会使人从庸碌众生中脱颖而出。

亚伯拉罕·林肯就是这样的一个人。他下定了决心要在机会找上门来之前，先准备好自己。于是他便开始自学很多知识。他并没有因为没有上哈佛大学就比哈佛的学生差。如果他也像其他人一样轻易就向困难低头，就不会有今天的林肯，只会是芸芸众生中的一个无名小卒，而他的记忆，也只会随着时间的流逝而消失。但他没有选择屈服，而是坚信自己能够成功，坚信自己不是自不量力。在他的字典里就没有"不可能"这三个字。对他而言，一切举世公认为不可能的事总有一天都有可能实现，其中也包括奴隶制度的消除。

只有敢于挑战"不可能"的人才有可能获得成功。

历史上的重大改革，起初都是被公认为不可能发生。如果大多数人都认为不可能的事便无人敢去挑战，那么人类很可能到现在还停留在原始时代。幸亏历史上总有少数敢于跳出樊笼并带领人类走向进步的伟人出现。

蒸汽机、煤油灯、电灯、电报、电话、电缆、飞机等所有引领时代的发明，都是在一片嘲笑声中出现的。而如今，我们拥有更开放的思想，逐步意识到人的潜力是无限的。"不可能"已经成为弱者的借口。有胆识的人早已不再理会这些陈词滥调。

通过奋斗的人生才有可能进步。如果不努力克服困难，人生只会止步不前。亦步亦趋、毫无主见的年轻人永远不会长大成熟。因为他们缺少自己的奋斗，也缺少通过奋斗得到的经验和力量。

我们身边有太多这种没有人生目标、意志薄弱的年轻人。他们没有勇气和毅力去消灭挡在成功面前的障碍。他们毫无主见，任由别人安排他们的人生。他们四顾茫然，找不到生活的目标，也不作任何努力去寻找。

没有人生目标的人就像没有指南针的船，失去了方向，一生漂泊。只有在目标明确的时候，人才有义无反顾奋勇前行的方向。有所求才能有所得。

人不可能一生都做浮萍，依靠别人的判断选择方向。那样的人永远无法自力更生，拥有自己的判断力和社会经验。随风漂泊就好比敞开自己的钱包让人随意拿钱。如果是这样，你的人生已经无力承受再一次的错失机会。

一个人如果没有人生目标以及实现目标的决心，就不是真正活着，而只是存在着。因为没有目标的人生便没有盼头，没有奋斗的对象。只有为梦想奋斗的人才能获得生存的价值以及社会的尊重。

没有值得为之奋斗的目标，便无法拥有圆满的人生，就好像没有哈姆雷特，莎士比亚的文学成就也会有所缺陷。有了目标，我们的人生才有意义。

我们必须义无反顾地投身事业，提高自己的社会地位，不惜一切奋勇向上。否则，我们只能屈居人下，随波逐流。能帮助我们走出失败的唯有远大的理想和坚定的决心。只要我们有实现目标的坚定信念，无论遇到多少失败，环境多么恶劣，我们都不会放弃努力。

获得成功还有一个非常重要的因素——健康，那也是我们不能忽视的，因为如果没有健康的身体，我们便无力承受各种各样的挫折、打击，从而顺利度过人生的低谷。身体是成功的本钱。一个身体虚弱，肠胃不好，患有贫血病的人怎么还有力气为梦想奋斗呢？

失去肉体上的健康和失去精神上的意志一样可悲。只有身强体壮，意志坚定的人才能到达人生胜利的彼岸。

第十一章

做一个正直的人

一个年轻人如果建立了正直、诚实、真诚的声誉，让所有认识他的人都信任他，毫不怀疑他做事的动机，那么他也就为自己的人生开了一个很好的头，剩下的路也会相对顺畅得多。凡是道德高尚之人，背后必有强悍的人格力量。这种力量，只有在发自真心的不断行善中才能得到锻炼。

最近一份调查显示，报纸上登出的广告百分之八十八是真实广告，而剩下的百分之十二则涉嫌掺杂虚假成分。

"如果没有这百分之十二的虚假广告，"一位广告业专家表示，"报社将接到更多的广告订单。而报纸广告的整体水平也会相应提高。高质量的广告能给予公众更多的信心。到那时，报纸上印的广告就会像在银币或纸钞上印的政府公章一样真实可信了。"

为人之道，且不论对错，都不能违背诚信的原则。无论是办报，做生意，还是与人交往，人都应该以诚实的态度应对。世上没有什么比诚实做人更为重要的了。如果能做到以诚信立人，你便已成功了一半。

当今世界，每天都上演着欺诈，每天都有骗人的坏蛋粉墨登场。正因为正直的人太少，在今日的商界，诚信才会显得如此重要。历史上从来没有哪一个时期会如此看重诚实的品质，而未来也只会愈加重视。如今的商界，诚信的意义太大，全世界的商人都希望和有信誉的人做生意。

然而很多年轻人轻视人格的力量，就像低估一个国家首都的作用一样。他们更注重自己是否够聪明，够精打细算，是否够深谋远虑，够机灵，对别人是否有影响力，或者目标是否够远大。而对于自己是否诚实正直，他们并不在意。

曾几何时，在某些地方，最精明刻薄、最狡猾的人可以挣到最多的钱。然而今天恰恰相反，因为现在人们对诚信的崇尚程度，是史无前例的。

最近我正在烦恼，是不是该委以那位年轻人如此重要的职位。他虽然只有一些小小的问题，但我还是不大放心，于是给他以前的雇主打了个电话，向他询问对这个为他工作多年的年轻人的看法。结果他的评价只有一句："他真是一个好人，除此之外我不知道还有什么更恰当的评语。"

知道这点对我而言足矣。这样的话出自我那位谨慎稳妥的朋友也就说明了一切。他给予了那位年轻人最高的赞赏和肯定。那么，这位年轻人一定是位诚实可靠的人，任何时候你都可以交给他任何任务。他不仅忠诚，而且有可靠的判断力，不会做出任何愚蠢的事情或给公司带来损失。谁聘用了他，都不用担心他的信誉，担心自己不在时公司会有所落后，因为他会帮你看好公司，保住公司的名誉，抓住任何对公司发展有利的机会。这样的人会是一个精力充沛、不知疲倦、与公司共同进退的好员工。

一个年轻人如果建立了正直、诚实、真诚的声誉，让所有认识他的人都信任他，毫不怀疑他做事的动机，那么他也就为自己的人生开了一个很好的头，剩下的路也会相对顺畅得多。

当今社会，做生意很大程度都要依靠信誉。银行是否愿意借钱给你，批发商是否让你赊账，依据的都是你的信誉。这个人可靠吗？他说的话可信吗？他会履行承诺吗？所有这些问题，都是在考量对方的信誉。

一位著名的银行家曾说："超过百万的借贷一定要看借贷人的人品。有的人虽然穷，但只要他们品格高尚，就绝不会去借超过自己偿还能力的款额。"

另一位银行家也声称，他宁愿借钱给那些诚实的穷人，也不要借给那些有钱的骗子。

我认识两个商人，他们虽然没有殷实的家底，但因为信誉好，银行都愿意贷款给他们。他们当时虽然资产不多，却凭借自己在人品和能力上的声誉贷到超过百万元的款项。他们为人诚实可靠，工作废寝忘食。良好的声誉对他们而言是贵比千金啊。

哈佛前校长艾略特[①]也说："你必须重视你同代人对你的评价。尽管这些评价部分来自和你没有说过一句话的陌生人，部分来自你认为不可能认识你的同校同学，也有部分来自对你只有大概印象的点头之交，但你无论如何都无法避免他们对你评头品足。"

内战期间，李将军正和他的一个官员商量军队的去处，被一个农民的儿子听见了。在李将军决定行军到盖茨堡而不是哈里斯堡时，这个机灵的男孩马上发电报跟总督柯廷汇报。柯廷无法判断男孩的电报是否属实，于是感叹说："只要能知道这个男孩是否在撒

---

①　查尔斯·威廉·艾略特（1834—1926），美国哈佛大学任期最长的校长。——译者注

谎，我愿意献出我的右手。"他的下属听说后进言道："长官，我认识这个男孩。他绝不会撒谎的。他身上流淌的每一滴血都是正直诚实的。"十五分钟过后，联合军队便往盖茨堡进军了，接下来的故事也就不用我说了吧。

清白的档案和诚实正直的声誉都是一个年轻人事业上的最好帮手。没有什么会比真相更能证明一个人的品格。只要你能在事业上坚持诚信的原则，做到一言九鼎，就算有损自己眼前利益也绝不撒谎，那么你已经获得了很大的成功，因为真相迟早会让世人看到你高尚的人格。

亚伯拉罕·林肯年轻时非常贫穷，虽然身为律师，却不愿意为了钱帮罪人打官司。"我不想做违背良心的事，"林肯回忆道，"如果我做了，那么我在面对陪审团的时候，肯定会禁不住地想'林肯你这个骗子，你在撒谎！'而且我相信很快我就会忍受不住大声讲出来的。"

林肯的诚实给他赢得一个昵称，"诚实的亚伯"，也最终助他选上了美国总统。所有认识他的人都相信他，知道他是个有思想认真负责、绝对诚实正直的人，没有什么能够动摇他的这些品质。人们坚信他是诚实的，也因此真心实意地支持他。人们对他充满了难以动摇的信心。

为什么有的人演讲，每个人都会去听，并且点头称是？他说的话为什么就比其他人的有分量？归根结底，人们是只有相信演讲者的为人才会相信他的演讲。其他人也许会在同一个地方做同样的演讲，但公众听过之后像水溅到鸭背上，忘得一干二净。为什么会这样呢？原因就在于说话人本身没有声望，不值得人们信任，更何况是他说的话呢。

很多卓越的演说家去任何国家演讲都能牢牢抓住听众的心，然而同样的话换给其他人来说，却不能引起任何反响。那是因为他们缺少能让公众信赖的高尚人格，又怎能叫别人相信他们的话。

很多时候，一个人的人品、医师的医德、商人的诚信和律师的正直才是最有分量的。

不久前，我问过一位商人，信托公司要以什么原则经营。他的回答是："看钱说话，不可轻易相信人。"那就是说，世上最难求的，便是诚实可信之人。

当今社会的最大问题，就是创造了财富，却失去了诚信。

很多人尽管家财万贯，但和他们的财产相比，他们的社会地位却显得很平庸。认识他们的人私底下都不怎么尊重他们，因为他们人品和道德甚至比不上底下的员工。他们在社会上的地位，都是靠金钱堆砌起来的。

牺牲人格换取财富的做法十分可悲。当今世界最叫人鄙视的莫过于舍弃诚实、道德甚至灵魂以换取一叠叠的钞票。

赚钱无可厚非，世俗的我们谁都需要钱，谁都渴望钱。然而用牺牲人格的办法来赚钱不可取，因为那是可以毁你一生的重大错误。

"作为商人他很成功，但是作为人他就太失败了。""他是一个出色的医生（或律师，或金融家），但同时也是一个差劲的人。"类似这样的评语我们还听得少吗？

许多百万富翁的最大问题，就是在他们成为银行总裁、公司董事长，或者大财阀前，没有先做好人的本分。他们虽然很有钱，但在人格上却是乞丐。他们无论生前活得多么风光，死后不出几年都会被人忘得一干二净。他们无法影响他们活着的那个时代，无法在历史上留下脚印，无法成为鼓励后人前进的榜样。

声望可以为我们赢得别人的爱与信心，这是金钱和投机取巧都买不到的。要想赢得别人的尊重，不能拿钞票当筹码，只能依靠自己人格上的魅力。

你只要随意列出几个真正的伟人，都可以发现他们身上的傲骨。他们不但气概非凡，而且毅力惊人。他们无论从事何种行业，都把道德放在第一位。他们认为道德比挣钱、事业甚至生命都要神圣。你只要能和他们聊上几句，就能确定他们是无法用金钱买通的。你心里清楚，贿赂或施加影响对他们毫无用处。他们坚守原则，就像直布罗陀岩一样坚定不移。只有这样的人才会是人类文明前进的推动力。

约翰·汉考克[①]便是其中之一。在美国独立战争期间，他毫不犹豫地签下一份将要使他倾家荡产的文件。因为在他心里，公众利益永远要大于个人利益。

综观世界，一些高尚之伟人为了维护道德、维护真理奉献出了自己的一切，甚至于生命。他们欣然赴死，坦然地走向刑场，登上绞架台。然而，历史是公正的，只有诚实对待历史之人，才能流芳百世。任何谎言、阴谋、勾当都无法蒙蔽历史的法眼，只有坚持正道之人才能最终获胜。人类漫长的历史告诫我们，聪明、计谋以及

① 约翰·汉考克（1737—1793），美国商人、政治家、爱国主义者。

诡计都敌不过诚实，打不赢正直。

马歇尔·菲尔德[①]在芝加哥的一场大火中倾家荡产，他店里的一切都在瞬间化为灰烬。然而，就在菲尔德山穷水尽之时，东部的银行却发来电报，表示愿意帮助他重新起家，他需要多少资金银行都愿意相借。这场大火尽管烧毁了整个芝加哥，却烧不毁菲尔德的信誉，因为他的名字，早已等同于诚信。

菲尔德年轻时非常贫穷，他出身农民家庭，仅凭靠诚实守信白手起家，并最终创建了世上最伟大的连锁百货商店。他合法经营，童叟无欺，从不使用任何卑劣的手段挣钱。他不沾手任何违法贸易，拒绝走快速致富的捷径。他的志向是要开一家不欺瞒消费者、诚实守信、以薄利多销盈利的商店。他也不允许员工为了销售产品夸大或隐瞒事实。他曾经解雇了一名为促成交易而误导顾客的员工。不管这笔交易能为公司带来多大的经济利益，只要是违背原则，他都绝不允许。

菲尔德这样做是因为他知道，一时的欺骗虽然能给眼前带来利益，但从公司的长远发展来看，则是树立了一个永久的敌人。声誉的损失对公司的发展是致命的。

所以马歇尔·菲尔德百货商店才会如此受欢迎啊。因为大家知道，在马歇尔·菲尔德那里，不会有不公正的交易。他们相信，即使那里的员工欺骗了他们，或者商品出现了什么问题，菲尔德都会还他们一个公道。这便是著名的马歇尔·菲尔德营销策略。

只要我们真心待友，诚实做人，认真工作，不对别人心存不

① 马歇尔·菲尔德（1834—1906），马歇尔·菲尔德百货的创办人。

良，就算我们平时有点小缺点，也能得到谅解。没能多才多艺的我们，即使生活平淡，但只要诚实正直，也能收获成功。因为正直的人品会帮你得到心灵的平和、社会的认可，而没有这些，成功只能是幻想。

然而，把诚实当作达到目的的手段，则不是什么高尚的行为，而只是消极的做法，就像那些害怕背负骗子的骂名而不做坏事的人，他们并不是真正诚实之人。

仅仅不做坏事的人只是懦夫，勇敢者是会用行动维护正义的。只能做到自己不做坏事但不去伸张正义的人，永远也无法得到人格的提高。

有的人也许从来不会路见不平拔刀相助，但他们也从来没有做过伤天害理的事。他们循规蹈矩，偶尔做点不惹麻烦、举手之劳的善事。这些因为胆小怕事才不干坏事的人，终其一生都不可能做出一件真正无私、出自正义的好事。他只会甘于埋没才华，像看主子脸色行事的仆人一样活着。

曾有一名记者写信跟我说道："有些牧师心地善良，但是一无是处。他们严格遵循道德书上列出来的条条框框，告诫世人不要做这个不要做那个。然而，他们甚至对他们所在的社区都毫无影响力。"世人需要的不是《圣经》上的教条，而是实际的行动。

我们经常可以听到一些父母夸耀自己的乖宝贝一不吸烟，二不喝酒，三不说脏话，四不挥霍……一句话，他们跟世上所有的好孩子一样不敢越矩。这些男孩不沾染任何不良习惯，是因为不想挨大人训，他们虽然很乖，却没有个性。

很多没有任何坏习惯的人，却没能有所成就。他们枯燥无趣，说话没有分量。他们到哪儿都无法给人留下深刻印象。

凡是道德高尚之人，背后必有强悍的人格力量。这种力量，只有在发自真心的不断行善中才能得到锻炼，而仅仅管好自己不做坏事的人，只能继续庸碌度日。我们需要的是拔刀相助的正义，而不是在背后谴责坏人的正义。没有胆量的人即使为人正直，也只是唯诺之人。

没有财富的男人就只能依靠自己的人格魅力建立声望。他即使聪明过人，也只有在向人证明自己是诚实可靠、坚守原则、有为真理和正义说话，并且做事优先考虑对错而不是输赢的人时，才能得到别人的信任与敬仰。

年轻人在刚刚开始事业时，最宝贵的东西不是巨额的遗产，而是清白的记录以及无可指摘的人品。当你回望过去时，最值得庆幸的莫过于自己的历史没有出现丝毫授人以柄的污点。

在挪威，人们常常把救世主称为"善良的耶稣"。当朗费罗[①]访问该国时，凭着自己的真诚、诚实以及正直，深受挪威百姓的爱戴。他们甚至亲切地称他为"善良的朗费罗"。

---

① 朗费罗（1807—1882），19世纪美国最伟大的浪漫主义诗人之一。

第十二章

迎难而上

　　从小便养成迎难而上的习惯对我们来说是一件好事。只要在克服困难后我们能向目标迈进一步，收获成长，我们就应当竭尽所能，迎难而上。

　　成功人士极少谈论困难，他们的眼里只有目标。他们毫不在意通往目标的道路是否坎坷，因为无论遇到怎样的障碍，他们都会毫不犹豫地直接清除。

❝ 最先完成最困难的工作"是一位成功商人的座右铭。他告诉我说，就是这么简短的一句话改变了他的一生。"一天，我突然发现，自己养成了把所有困难都推到最后才面对的习惯。久而久之，无论我做什么事情都感到不顺利。于是，我给自己立了这条座右铭，放到抬头可见之处，并每天在它的鞭笞下工作。第一天的时候，我把自己最早搁下的问题拿了出来，马上着手解决掉。当时的我贪图一时轻松，先去处理那些更为容易和有趣的工作，导致难题越积越多。在我终于清理完这些工作上的拦路虎后，便下定决心，每天早上都必须先应付一天之中最难的工作。就这样我在每天精力最旺盛的时候处理最棘手的问题。渐渐地，那些曾经高如大山的难题竟也变得渺小了。我非常庆幸当初能够及时纠正那个坏习惯，并养成遇到难题及时解决的好习惯，否则我也不会获得如此成功。"

很多人之所以会失败，是因为他们不愿意迎难而上。他们总先做自己喜欢的事情并且专挑容易的做，至于那些难以解决的问题就老拖到最后不得已时才去处理。于是，他们在做其他事情的同时，心里却在为那些将来不得不解决的问题焦虑。他们没有意识到最麻烦的工作其实才是最耗费精力的，并且能直接影响一个人的工作效率。如果一个人心里老想着自己还有更麻烦的工作没有完成，他只会越发的暴躁乖张，而且思想也会愈加迟钝。

如果一支军队的士兵打小就不愿吃苦，一遇到艰难的任务便退缩，那么这支军队只能是一支失败的军队。对于军人而言，逃避体能锻炼，不经常进行操练是愚蠢的。一个人的成长需要锻炼，需要汗水，需要实践。最近的研究也分析说，经验是一个人能拥有的唯一财富。

先做最难的工作并不是要你特意把最难的工作挑出来做，而是说在应该面对困难的时候不要逃避。我们每推迟一个小时，迎接困难的勇气就会减少一分。

人如果总先处理容易的事情，而把困难都搁置一边，就像是走在人生路上只采摘鲜花而逃避所有荆棘，久而久之，当面对不得不斩断的荆棘时，因为早已丢弃了磨炼自己勇气和力量的机会，所以变得手足无措，进退两难。

就在不久前，一位很有名的公众人物因为没能履行曾经许下的承诺遭到了媒体的广泛批评。他一遇到困难就退缩，完全没有勇气去执行他自己也认为是正确的事情，而且还是向公众许诺过的事。世上就是充斥了太多这样的人，他们的腰板比海蜇还软，无法挺立起来去迎接困难，履行责任。然而，这样的人反而喜欢在聚光灯下慷慨陈词，轻易许诺。到了履行承诺的时候，他们则四处讨好，唯唯诺诺，只敢处理一些麻烦最少、花钱最省的事情，全然不顾及后果。他们以为轻易许下的承诺便可轻易打破。孰不知，公平的命运女神随时都准备着将不守游戏规则的人踢出历史的舞台。

我就认识这样一个人，他不幸养成一种习惯：看别人的眼色行事。只要能讨好对方，不论对错，他都点头称是。结果这个人变得毫无个性。他虽然随和，但却死气沉沉、没有活力，并且一生无所成就。他的人生虽然忙碌，但却毫无意义。他没有主见，做任何事情都跟随大溜。我在他还是学生的时候就认识他，他到现在是一点进步都没有。学生时代的他就害怕困难，从不面对，直到现在竟然还是如此。长大成人以后，他因为其软弱的性格没能在社会上建立地位，而人们遇到问题时也都不会向他寻求帮助。

你们也许会问，为什么那么多有抱负、有理想的人竟不敢迎难而上，接受磨炼，勇往直前呢？那是因为他们不愿意付出，不敢为自己争取。

我们都知道，一个立志要竭尽所有，爬上人生之梯最顶端的年轻人是不会害怕困难的。他会尝试一切，接受磨砺，把握时机，只要能帮助他成就事业，他都在所不辞。然而，此类意志坚定的年轻人却很少见，大多数都是那种生病了都害怕喝药的年轻人，他们因为怕苦，尽管知道良药苦口，还是拒绝尝试。

在今天，想要成长，想要强大，想要得到锻炼，变得坚强有魄力，就必须毫不犹豫地把苦药灌下。只要你一口气喝完，就会发现苦药也并非如此难咽。

世事的成败取决于你面对困难的态度。一开始便退缩的人，是注定要失败的，因为他们自己都看轻自己。世上没有无法解决的问题，只是你的想象力总是先入为主地把困难扩大化。问问自己眼前的事业是否值得为之奋斗。如果有助于你成长，能让你变得更加坚强、优秀的事业，就毫不犹豫地投身奋斗吧。

很多人之所以软弱，是因为他们不愿意卷入任何麻烦事。他们总在未卷入之前便开始焦虑不安。他们的意志过于薄弱，腰板甚至比海蜇还软。

有多少人因为害怕一时的疼痛而不敢去医院拔牙，从而不得不忍受多年的牙疼困扰！他们当然知道只须忍受几秒钟的疼痛，便能轻松一辈子，但仍然无法鼓起勇气去主动承受这短暂的痛楚，而是一拖再拖，长年累月地受罪。

又有多少人因为没有及时做手术付出了生命的代价！等到败血症或其他并发症发生时，他们再想做手术都没有用处了。很多人就是因为今天不敢截掉一根手指，从而导致五年后必须切除整条胳膊。逃避一时的痛楚有可能会带来终生之痛啊。

因为害怕面对困难，我们一拖再拖，时间越久，心理负担越重。直到最后，还有可能完成的任务也都变得难于上青天了。

内心充满愧疚与焦虑的人恐怕也没有心情去享受任何假期，他们只会不断地想起那些堆积如山、难以完成的工作，同时不断地责备自己没有及时地把工作完成。

总是可怜、纵容自己，一遇到难题便给自己找借口逃避的人无论走到哪里都无法对别人施加影响力。想要获得成功，就必须像要求孩子一样严格要求自己。尽管碰到自己讨厌的工作，也要逼着自己去完成，直到喜欢为止。只有在真正生病的时候，才能允许自己放下手头上的工作去休息养病。

从小便养成迎难而上的习惯对我们来说是一件好事。只要在克服困难后我们能向目标迈进一步，收获成长，我们就应当竭尽所能，迎难而上。

很多人都渴望健康，因为他们知道健康是快乐的前提。然而，他们却不愿意为了健康克制自己的口腹之欲，坚持健康的饮食，培养健康的生活习惯。他们嫌锻炼身体麻烦，宁愿去做自己喜欢的事情，比如吃零食，喝饮料。只要食物美味，他们不管对身体有无害处。这些人于是一生疾病缠身，总是羡慕别人的健康，孰不知只要他们愿意锻炼身体注意饮食，也同样可以拥有健康、充满活力的体魄。

有许多年轻人，本可通过他们自身的努力争取到机会，但是他们却不愿意放弃整天和朋友出去玩乐的那一点点乐趣。如果有捷径，花钱就可以买到学位，他们现在兴许就不在学校念书了。但如果要他们通过正规的考试、申请，才能获得受教育的机会，他们却轻易知难而退。求学之路注定是寂寞且艰辛的，然而他们不愿意忍受那种痛苦，只想享受当下的自由自在。

他们虽然知道艰辛的求学、生活的磨砺有利于他们将来的发展，但仍然无法舍弃当下舒服快乐的生活，不愿为了接受高等教育而牺牲享乐。他们从来不会自觉努力，总想尽办法要得到别人的帮助。他们没有正确地对待人生，拒绝磨炼，无法成长为社会所需要的人才。

现在有太多的人不愿意通过踏踏实实、诚实努力的工作获取成功。他们犹豫不决、拖拖拉拉、徘徊不前。而那些自觉为了获得教育、提升自我而不懈努力、接受磨炼、坚守原则的年轻人，却变得少之又少。

大部分的人都既自私又懒惰，他们不想放弃舒服快乐的生活，宁愿得个倒数第一名，也不想多吃一点苦。这样的人永远无法成为人上人。

如果当初在决定是否要建造一条横贯美国的铁路时，工程师们都被阻挡在面前的美国大沙漠、碱性平原、落基山脉以及内华达山脉所吓倒，我们今天会有中央太平洋铁路吗？负责此项伟大之举的工程师必须要有挑战自然的勇气，敢于征服尼亚加拉河、密西西比河以及落基山脉。

成功的工程师一定要敢于征服冬天的阿尔卑斯山。他必须要有能在任何山脉中开通隧道，在任何大川上架起桥梁的自信。而众多的失败者，则聚集在河岸边或山脚下仰天长叹。

很多人即使步入了晚年，仍然离目标十万八千里，归其原因是他们没有走最短的直线。他们弯来绕去，一遇到阻碍又另择道路，孰不知那些遇到河流就架桥，遇到高山就挖隧道的人反而能够更快地到达终点。

勇敢、强势、精力充沛如铁路工程师一样之人，总能直奔目标，横扫障碍。而胆小、懦弱、软骨头的人则贪图安逸，知难而退。他们一碰钉子就另择顺畅大道，直到老死都无法到达最终的目的地。

不满足已取得成就的人会下定决心迫使自己在一个月内做一些自己不喜欢但对事业有帮助的工作。只要能够有所突破，从而通往更高的目标，他们就愿意为之受苦受累。痛苦的洗礼过后，便能如沐春风，获得新生。

成功人士极少谈论困难，他们的眼里只有目标。他们毫不在意通往目标的道路是否坎坷，因为无论遇到怎样的障碍，他们都会毫不犹豫地直接清除。

对付荨麻最有效的办法就是直接用手一下捋去它的全部蛰毛。我们在面对困难时也应如此，以最快的速度把扎人的刺一口气拔掉，那样不仅减轻了拔刺的痛楚，还能使人感到一种征服的快感，从而更有信心地挑战困难。

"拖延处理困难就等于增加困难的难度，附加一颗备受煎熬的心。"

当人们问亨利·沃德·比彻[①]如何做到以最小的代价获取最大的成功时，比彻回答道："决不做重复的工作。"

很多人总把过多的时间花在无用的臆测以及焦虑上。他们在困难来临之前就已经耗费了大部分的精力去反复揣度结果，去害怕失败，以为这样就可以做好迎接困难的准备。

爱荷华州克利夫兰市有一家工厂，在每台钟下面都贴上一句话："今日事今日毕！"就这么一句简单的话，可以给世界扫清多少麻烦事啊。如果人人都能以此为座右铭，世上将增添多少好事，减少多少濒临破产的企业，产生多少美术作品，以及创造出多少好

---

① 亨利·沃德·比彻（1813—1887），美国牧师、雄辩家。

故事啊！拖延棘手的问题是很多不必要的痛苦之根源。这些搁下未做之事只会给我们倍添烦恼，加重心理负担，从而无法享受完成其他任务所带来的满足感。立即解决的困难会比我们预测的要轻松得多，而且成功把问题解决的成就感通常可以抵消掉我们为此所付出的艰辛。

为不测做准备的立意是好的，然而大部分人都只说不做。很多人在房子着火时才说"我正准备买保险……"把牛、马弄丢了才说"我正准备修栅栏……"看到股票疯长时才说"我正准备买这个股……"账单过期了才说"我正准备去结清……"邻居去世了才说"我正准备去帮忙……"朋友病故了才说"我正准备去看望……"他们花了一生的时间去"准备要干什么"，但事实上却是什么都没有开始。

平坦无阻的路当然好走，但如果人总是挑容易的事情做，逃避责任，避免困难，那么他永远也不会有所成就。

安逸的生活就像鸦片、毒品、酒精，不断地消磨你的意志直至让你上瘾。如果你无法克服惰性，那么你也永远别想摆脱平庸甚至失败的人生。

事业有成的人不会因为心情不好就不去工作，他们有很强的自制能力。只要是有益的事情，无论遇到什么情况，他都会尽力完成。

如果我刚刚开始人生，并渴望获得成功，就一定会为自己的成长付出汗水。尽管是自己不喜欢、不认同甚至会给自己带来麻烦的工作，只要有助于我的成长，让我变得更强大，我都愿意尝试。获得成长的沃土就是我的目标，为此我愿意牺牲一切，包括舒适、娱乐，甚至快乐。

在我年轻的时候，如果有人请我为学校聚会、辩论俱乐部或政治集会发表演讲，我一定毫不犹豫地答应，因为这是锻炼自己的一次宝贵机会，我绝不能让它白白溜走。可惜很多年轻人都一定会轻易拒绝，因为他们害怕在公众面前发表演讲，害怕自己如果讲得不好会很没面子。他们安慰自己将来这种机会多得是，等到下次机会来了再尝试也不迟。可是等到第二次机会到来时，他们仍旧不敢上台，就这样一次又一次地把锻炼自己的机会拒之门外。

如果我在年轻时就有机会去委员会、董事会、理事会、联合校董会、乡村进步会或其他组织任职，我一定马上做好准备上任，而不是思前想后、惊慌失措最后退缩。我不会给自己瞻前顾后的机会，考虑自己是不是不自量力。我要做的就是好好抓住机会然后全力以赴。换句话说，我会欣然接受新环境，然后努力使自己成为其中的一员。

面对机会、突发事件、危险或者责任时，不要犹豫，不要退缩，也不要轻率处理。那些总是犹豫不决的人在心理学上我们称之为偏执狂。假如你的皮肤已经显示你患有麻风病或某种程度的坏疽，你难道不会马上想办法治疗吗？同样，如果你发现自己有举棋不定的坏毛病，就应该马上纠正之，要把每个坏习惯都看作是自己得了鼠疫斑一样紧急。久而久之，你就会养成"今日事今日毕"的习惯。马上行动吧，要知道瞻前顾后的习惯毁了多少人的前途。

当事情变得不可避免才动手处理的人没有什么值得夸耀之处，

就连小老鼠被逼到墙角也会奋起反抗。恐惧只属于弱者，而英雄是永远都不会因为害怕而退缩的。因为他们深知，任何的争斗最终都只能产生一个胜利者。

日常生活的斗争一点也不比战场上的逊色。而且，载入史册的英雄，更多是来自日常生活中的胜利者，而不是战场上的英雄。

遇到困难便退缩的人在战争还未打响前就已经自己把自己打败。这种性格的人注定无法成为强者，注定不是当领导的料。他们永远只能服从别人的领导。

如果你正准备开创你的事业，就不要被阻挡在你面前的障碍所吓倒。这些障碍远远看去好像高大无比，但实际上只要你再靠近一点，就会发现它们同样也缩小一点。对自己要有信心，勇敢地向前走，道路就将越走越顺畅。多读些伟人的奋斗故事吧，你会发现自己所处的环境要比他们好几百倍。只要你昂首挺胸，就能让高山也变得渺小。

透过望远镜的物镜看你的目标，然后再调过来头看阻挡在目标之前的障碍吧，你将会看到目标之大，障碍之小。就像这样增强自信吧，只要把目标放大困难缩小，你便能勇气倍增，更快地到达彼岸。

第十三章

学会控制情绪

懂得克制自己，理性处事，哪怕受到最强的诱惑也能不为所动便是巨大的成功。人只要能够做自己的主人，做自己的国王，就可以不为情绪左右，不被环境牵着走；就能够超越欲望，做到比承诺过的还好。

赫伯特·斯宾塞[①]说："君子之道，克己为首。"

一个人如果情绪失控，有可能会拖累其家人、邻居、生活所在的社区甚至一个国家。最坏的结果甚至会把所有人都推向不幸的悬崖。历史已经给予我们太多的教训，许多能力超群、胸怀大志的人就是这样把自己的美好前程断送。

世界的每一个角落，每一天，都有报纸在报道，某某悲剧的发生源于某人无法控制自己愤怒或嫉妒的情绪。

去教养所走上一遭吧，问问那里的关押犯一时的情绪失控让他们付出了怎样的代价。这些不幸的人就是为了那瞬间的愤怒失去了终生的自由！那致命的一拳，那无情的一枪，毁掉他们的一生，让他们无法回头。

我们都知道，一旦头脑发热，就很难再控制住自己的言行。但我们同时也很清楚，放任自己成为情绪的奴隶有多么危险，后果也

---

① 赫伯特·斯宾塞（1820—1903），英国哲学家，社会达尔文主义之父，提出把进化论中的适者生存应用在社会学尤其是教育及阶级斗争上。但是，他的著作对很多课题都有贡献，包括规范、形而上学、宗教、政治、修辞、生物和心理学等。——译者注

将不堪设想。不仅自身的性格塑造要受到影响，而且工作效率也会有所降低。

孩童从生活经验中学会不该去触碰烫手的物体，因为那会灼伤皮肤；不能去玩尖利的东西，因为那会刺伤他们。然而，成年人却总学不会应该对坏脾气敬而远之，非要爆发一时的情绪，说出一些永远都收不回来的恶言恶语。

无法自我克制的人就像没带指南针的水手，随风漂泊，无法自主。一场情绪的风暴，一波任性的想法，便能将之随意摆弄，驶离航道，再也难以到达目的地，实现自己的理想。

"证明给我看吧，"奥列芬特夫人①说道，"如果你懂得克制自己，那么我就承认你是受过教育的文明人。否则，就算你受过再好的教育，也都只是白白浪费了。"

一位非常出色的学者兼大学教授就是最好的例子，他因为没能控制好一时的愤怒从而锒铛入狱。他的所有学识、所有关于人类品行以及尊严的理论，都在这一时的冲动之下灰飞烟灭。

这是怎样的耻辱啊！无论是对这位教授，还是对所有无法控制自己情绪的人，他们竟有一瞬间无法证明自己是一个文明人，而是任由情绪的恶魔摆布，失去对自己言行的控制。

幸运的是，这名大学教授从此次惨痛的经历中吸取了教训，最终改过自新，战胜了隐藏在他性格中的这个致命弱点。

刑满获释后，他重返讲坛。他的学生以为这位脾气暴躁的教授肯定会对此番不幸愤慨抱怨一番，于是纷纷跑去听他的课。然而，

---

① 玛格丽特·奥列芬特（1828—1897），苏格兰小说家。——译者注

教授只是拿起课本，继续他被捕时上的课。在监狱生活的悲惨岁月里，他有了足够的时间去反思，也因此上了人生最重要的一课，那就是必须学会自我克制。

懂得克制自己，理性处事，哪怕受到最强的诱惑也能不为所动便是巨大的成功。每个人身上都有弱点，当我们举起护盾防卫自己时，敌人的利剑随时可能从这个软肋下手。只有控制好盾牌，不让敌人有可乘之机，我们才能获得胜利。反之，则随时可能招致失败。

只有懂得克己，懂得控制情绪，甚至有能力掌控环境，比周围人都强大的人才是真正的强者。

弥尔顿①曾说："懂得克制自己，不为情绪、欲望以及恐惧所动之人，比国王还要强大。"

想想看吧，如果你拥有如此完美的自控能力，就不会在危险面前颤栗，面对诱惑也能无动于衷，甚至连贫穷的骷髅魔杖也无法让你退却。任何的审判和困难都无法动摇你心中的那份宁静。

如何才能获得这般平和的心境、非凡的自控能力呢？其实方法很简单，端正好思想便能控制住自己。你只要学会利用思想的力量，自我控制便不成问题，心理和生理上的小恶魔都会丧胆而逃。这时的你尽管头脑发热也会有所警觉，知道乱发脾气只会火上浇油，只有冷静思想，才能慢慢地把火浇熄。

如果你实在无法控制自己，受到一点刺激便火冒三丈，有一

---

① 约翰·弥尔顿（1608—1674），英国诗人，资产阶级革命家、政治家。代表诗作：《失乐园》、《复乐园》和《力士参孙》。——译者注

点点烦扰就暴跳如雷，那么千万不要浪费时间去为自己的缺点懊恼，或者到处跟人道歉说自己实在情难自禁。采取另一种措施去改正吧。首先不再跟任何人提起这个缺点。然后效仿莎士比亚所说的，"假装拥有自己没有的美德"。先在心里塑造出你认为的理想人格，然后效仿之，装作自己就是一位冷静沉着的绅士。一旦脾气上来了，则不断暗示自己，真正的绅士是不会为一点小事就发火或紧张的，因为那样有失风度，而绅士的自制力可是很强的。久而久之，你就会惊喜地发现，自己竟真变成了一位风度翩翩的绅士。其实我们所有人都可以成为自己理想中的人物，只要我们运用思想的力量。

缺乏自控能力的人经常狡辩说自己就是忍不住要把脾气发出来，这就好像听到一个把钱弄丢的人很无辜地解释说自己不会缝口袋，所以无法阻止钱财损失。世上只有愿意付出努力去争取的人才有可能成功，因为成功不是轻易可得的，而我们在通往成功的路上遇到的最大敌人就是我们自己，我们的脾气和欲望。只要有战胜自身弱点的信心，加以持之以恒的努力，人人都能把握好自己，不被自己所打败。

我们常常不够执着，屈服于善变的想法，并最终放弃坚持。因为精神不够强大，所以无法抵制一时的冲动，或者任由脾气发泄。只有精神上的侏儒才无法掌控自己的思想。

就拿坏脾气的人来说，他们往往妄自尊大，自私虚荣，不为世人所称道。肆意发脾气的人没有高尚人品可言，他们随时四面树敌，破坏家庭和睦，给自己和家人带来耻辱。

某丈夫因为无法忍受其妻的暴躁脾气，向法院提出离婚请求。他在请求书上写道，其妻动不动就为一点小事暴跳如雷，然后一抓二踢三咬，有时甚至还莫名发火。其实，他的妻子除了脾气暴戾之外，并没有其他缺点。然而，就是这么一个缺点，便足以毁了她的整体形象。也许，她小时候也只是有时发发脾气，如果那时能够多加注意，很容易便可以改正过来。而当养成了每次都以发脾气来发泄情绪的坏习惯时，就很难再改得掉了。令人遗憾的是，面对孩子发脾气时，很多家长不是想办法安慰孩子，而是以暴制暴，也跟着发火。如果大人们能从小就教育孩子正确的思想，让他们学会控制自己的情绪，那么世界将减少多少犯罪、多少悲剧啊。

大自然赋予了人类改造环境的能力，我们本应做自己的主人，却不幸被情绪所左右，居然能为一个员工犯下的小小错误就气急败坏，不分轻重，不懂得要在克服困难或解决好工作问题前应控制好自己的情绪，以免影响工作。或是为了一点衣着上的小问题或其他鸡毛蒜皮的琐事就破口大骂，无法不叫人感到惋惜。

我们大都缺乏真正的自制能力，很小的事情就足以挑衅我们，让我们陷入麻烦。一支笔掉到地上的哐啷声，小腿被碰撞了一下或是脚趾头踢到东西，都可以成为我们生气的导火线。

所罗门① 说："善于抑怒者胜于善于驭人者；善于自制者胜于善于攻城者。"然而今天，我们最常听到的却是有着这样评价的人："他有能力，而且很勤奋，但却不懂得控制自己。那个臭脾气能为任何鸡毛蒜皮的小事爆发。"或是："她是一个出色的女人，

① 所罗门，古以色列第三任国王。——译者注

才华横溢而且前程似锦。只可惜永远管不住她的火爆脾气，动不动就给她自己和别人惹麻烦。"

你们也许认为将一点小毛病和人生悲剧联系起来未免过于牵强。但在我看来，在生活小事上就养成自我控制的好习惯能培养出不亚于勇敢、克己的品质。不论男女，如果平时能够沉着处事，在遇到更为严重或意想不到的问题时，他们习惯冷静处事的头脑便可以为他们带来更大的勇气和自制能力，就算遇到天大的意外也不能使之动摇。也许这份应对灾难的勇气永远都没有机会施展力量，但只要你能从每件小事做起，养成控制自己的好习惯，那你同时也锻炼了自身的人格力量，足以轻松应对以后人生的各种情况。

人只要能够做自己的主人，做自己的国王，就可以不为情绪左右，不被环境牵着走；就能够超越欲望，做到比承诺过得还好。

自我克制的意义广泛，其范畴并不局限于控制自己的脾气或者情绪，还包括在面对考验时最大限度地调动身体上或精神上的能量、智慧和思想力量的能力。

在面对重大危机或一件几乎不可能完成的任务时，一个人的所言所行体现了他的才能以及自控能力。如果他没有惊慌失措，在所有人都放弃时仍然选择坚持，在"不可能"面前永不妥协，那么这个人绝对是自己的国王。他超强的自控能力，对处境的了如指掌，使他成为胜利的化身，奇迹的宠儿。

而那些控制不住自己脾气，抵挡不住诱惑的人，只能随情而动，冲动行事。他们无法用理性处事，任由感情和情绪支配自己。无法给自己做主的人，更不可能领导别人。

我认识一位很优秀的作家，他曾经在一家全国最好的报社担任重要职务。他精通各个领域，尤擅历史，而且为人热心善良，乐于助人。只可惜他的脾气十分暴烈，生活过得一塌糊涂。后来甚至为争一时之气，竟毫不犹豫地将多年努力得来的职位放弃。他尽管能力超凡，却四处碰壁，最后甚至连家人都无法养活。他背负了一身的学识，却毫无用武之地，一生受尽坏脾气所累，抑郁而终。

还有成千上万的人因为无法控制自己的酒瘾，不仅毁了自己，还拖累了家人，让他们在贫困线上挣扎堕落。这些酒鬼也许就是因为没能抵挡住第一次的诱惑而从此上瘾。他们明明知道接受诱惑的危害，却又不愿坚定意志，加强对自己口腹之欲的自制能力。

世上再也没有比看到一个原本事业有成的人因为控制不住脾气或酒瘾丢掉工作或失去成功的唯一机会更叫人扼腕痛惜。他们就像一个傀儡国王，反被自己放在王座上的木偶所摆布控制。

想想看吧，为图一时之快，不去控制自己的脾气或欲望，导致一生毁灭是否值得？

很多人总能为自己的失控找借口，说那是因为他们情感丰富。不过造物主可不会像人类那样徇私枉法，它赋予了意志相当的力量，使之得以抗衡诱惑和冲动。至少在最开始，只要你愿意运用一下意志力，也不至于落下不可自拔的下场。

古希腊相士佐披洛司在为苏格拉底[①]看相后声称，苏格拉底是一个愚蠢粗鲁兼好色的酒鬼。苏格拉底听说后回应道："大自然也

---

① 苏格拉底（前469—前399），著名的古希腊哲学家，他和他的学生柏拉图及柏拉图的学生亚里士多德被并称为"希腊三贤"。——译者注

许赋予了我这些罪恶，但我已经靠长年累月的行善将其消灭了。"

米拉波①在面临法国最严重的政治危机时，去马赛发表了演说，人们骂他是"诽谤者、骗子、杀人犯、无赖"。而这位伟大的政治家则平和回应道："先生们，等你们气消了我们再谈。"

米拉波的事迹启发了很多作家，他们把他描写成善于征服内心野兽的英雄。我们每个人的心里都存在一只野兽，如果不能征服它，你就很难做自己的主人。屈服于情绪、弱点或被失败击垮的人，永远都无法成为自己的主人。一只小小的老鼠在水坝上挖一个洞就能淹没一个伟大的城市。一根没有熄灭的火柴就能引发足以烧毁整座村庄的火灾。同样，一时的情绪失控就能葬送一生的工作良机。性格上的一个小小缺点，多喝一小口酒，或者仅仅一个夜晚的狂欢，都有可能摧毁你多年辛苦建立起来的事业。有多少坚固的友谊只因一时冲动的争吵，或在愤怒之下寄出的辱骂信件而从此支离破碎。

人生的悲剧几乎都与自我控制能力不足息息相关。只要我们三思而后行，在说出激动的话语或寄出仓促写成的信件前想想这样做的后果，我们就能避免多少的痛苦和悔恨呀！

一位朋友近日告诉我说，他十分庆幸没有把前一天晚上在愤怒之下写出来的信寄出去。幸好他在第二天早上又打开信封把信重读了一遍。他说看完信后感到相当震惊，做梦都想不到自己还能写出如此刻薄尖锐的话语。当然，那封信也永远不会送到他原来要寄给的那个人的手里。

---

① 米拉波（1749—1791），法国政治家。——译者注

　　如果你也写了类似的信件，不要着急寄出去，先搁一个晚上，到第二天再读一遍后再决定要不要拿去寄。没有这样做的人通常都后悔莫及，因为寄出去的信就如泼出去的水，他们即使愿意献出全部家当也追不回那封在怒气之下写成的信。当然，如果你足够理性，能够压下写那封信的冲动，那当然更好，因为对付情绪激动的最好办法就是将之抑制下去。只要这些情绪不断地遭到压制，自然就会减弱，到最后便窒息而亡。

　　一个爱尔兰人说，他向来吃软不吃硬。什么艰难困苦他都不怕，唯独抵挡不住诱惑。毫无疑问，我们大多数人在所有情况下都和这位爱尔兰人一样。

　　只有少数的伟人才能完全控制自己，从而成为历史长跑线上世人的指路灯。我们很多人都只能在某些方面把握住自己，无论在生理上还是精神上，我们都只征服了小部分领域，绝大部分都不在我们的控制范围内。作为自己的掌舵人，我们却无法时刻驾驭手中的方向盘。我们的王国到处都发生叛乱，不服统治的情绪随时都可能威胁你的权威。一旦叛乱的次数增多，叛乱者获得胜利的机会也会随之增大。

　　其实每个人只要意志坚定，都可以维护自己国王的权威，因为造物主把我们设计为主人，而不是仆人。只要思维正确，遵守自然规律，我们都可以凭借意志建立自己的王国。

　　我们首先要做的就是端正态度，做好长期作战的准备。什么事情都不可能一蹴而就，但我们可以通过日积月累的努力，慢慢地改掉急性子，一个个地找出自己的弱点并有针对性地筑好防御工事，增强对诱惑的抵抗力，渐渐夺回自主权，摆脱从属的地位。有的时候，把缺点具体化对重拾自主权也很有帮助。我们只要看到敌人的渺小，就更有战胜的信心。

我的一个朋友就是这样。他有很大的烟瘾，虽然自己已经意识到吸烟过多会危害健康，他还是没办法戒掉。他一直抱有消极的想法，认为自己一生都没法摆脱烟瘾了。后来有一天，他把所有香烟都摆到面前，并对自己说："我是人类而你们只是一些烟草，看谁怕谁！"烟草们打了退堂鼓，而我的朋友也因此幡然醒悟。

我的另一个朋友则深受暴躁脾气之害，他的办法就是天天念叨《圣经》里的名句。每当火气上来时，他就不断地在心里默念："勿急躁，勿恼怒；只有愚蠢之人，才会心怀怒气。"不用多久，他就成功地克服了这个缺点。

我们只要愿意，谁都可以不为情绪所奴役。所有愿意战斗的人总能得到回报，重新登上国王的宝座。

有的人既无能又可悲，只因无法主导自己的精神领域。他们敞开大门，不拒绝任何带来争吵、卑鄙、仇恨以及嫉妒的敌人。他们的精神王国一片混乱。他们甚至连自己为何无能，为何不幸都不能明白，不知道正是因为他们放弃对自己思想的控制，任由敌人破坏他们心灵的平和，肆意攻击守卫灵魂的围墙，他们的精神王国才不再神圣，才变成了野兽的乐园。

第十四章

每天一小时

我们所得的成就来自每天、每小时、每分钟对自己的投资经营。只有把时间都花在学习知识和获得力量上，我们才能得到最大的满足感。白手起家的伟人都是善于利用时间充实自己精神世界之人。

你是否意识到你生活中的一切，包括成就感和快乐都只在当下？你永远无法跳过哪怕只是一秒的时间？无论你在做什么，或是获得怎样的成功，都只能在此分此秒里感受到，你永远都只能活在当下。

没人能活在下一秒钟的未来里，就像不可能活在上一秒钟的过去一样。

因此，我们要把握当下，更何况我们真正用来学习和工作的时间非常短暂，一天也许就只有几个小时。所以我们更应该珍惜时间。

商界有一条著名的格言说："时间就是金钱。"其实，时间还是知识，是力量。"珍惜每一个一秒钟就能挤出一个小时"和"节省一个便士就能攒够一英镑"的道理一样。很少有人意识到，如果能把我们所浪费的时间全部加以利用，就足以让我们成为某个领域的专家，或者摆脱狭隘的人生，去更广阔的海洋上自由飞翔。

人人都希望活得精彩，不想一生碌碌无为。然而，虽然我们都期盼自己事业有成，但很少有人明白成功的人生是由每一个成功的日子堆积而成的。仅有梦想无法成就任何事业。如果没有详细的人生规划以及实施计划的毅力，成功只会渐渐远去。

我们所得的成就来自每天、每小时、每分钟对自己的投资经营。只有把时间都花在学习知识和获得力量上，我们才能得到最大的满足感。

一个人省下的钱越多，就越能独立生活；而学识越渊博，力量也就越强大。增长知识既能扩大生活视野同时丰富人生。给自己投资多一秒钟，便能收获多一点充实，多一点智慧，从而拥有更美好的人生。

我希望能把"每天一小时"刻在天空，那样就能提醒每一位年轻人，每天至少挤出一个小时的时间坚持学习，未来将受益匪浅。

我想没有一个年轻人会忙到连一个小时都挤不出吧？只要每天学习一个小时，坚持一段时间就能让一个普通的职员掌握一门科学；坚持十年，就能让文盲变成学者。孩子们在一小时内可以精读二十页书，一年下来也就是七千页，十八册。默默无闻的你可以因为这一个小时的积累而闻名遐迩，普通平凡的他也能因此成为英雄。如果每天能抽出两个，四个甚至六个小时来学习呢？那能创造多少奇迹呀！而年轻的朋友们却把这些宝贵的时间白白浪费在无谓的娱乐活动上！

英国的年轻人都十分崇拜格莱斯顿①，认为他是命运的宠儿。

① 威廉·尤尔特·格莱斯顿（1809—1898），英国政治家，曾作为自由党人四次出任英国首相。——译者注

然而，他们不知道这位幸运儿成功的秘诀在于善于利用时间。时间对格莱斯顿而言就是财富，尽管他已经是国家的首相，地位仅次于女王，也从不允许自己浪费一分一秒的时间。他随身带着书籍和报纸，以便一有空就拿出来阅读。如果他当初也像其他年轻人一样随意浪费时间，怎会有受世人崇拜的今天！

有哪个成功人士会视时间如粪土？时间对他们而言甚至比金子还要珍贵万倍。就连价值连城的宝石也只能勉强用来衡量其价值。

我们到处都能听到有人埋怨说，如果自己有能力，有才华，就可以干这个干那个了。他们总喜欢把自己的庸碌归咎于能力不足，仅仅因为自己不是所谓的天才。而事实上，就算是能力所及之事他们也不敢尝试，只会把时间白白浪费。他们已经养成了浪费时间的坏习惯，甚至连自己的才能也同样弃之不用。

在年轻的时候，我们就应该养成充分利用业余时间的习惯，这对我们的将来会很有帮助。把该习惯根深蒂固到自己天性中的年轻人即使离开父母，独自出去闯世界，也仍然能够稳住自己，有足够的力量去抵挡外面花花世界的各种诱惑。

普通的家庭大多不懂得如何利用时间，尤其是那些大家庭。这很不幸。他们晚饭过后通常会聚在客厅，花一整晚的时间谈论一些无关紧要的话题。他们开一些愚蠢的笑话，用粗俗的语言聊天，根本用不着动脑筋。一些孩子也许在玩，一些则去看书。他们没有任何安排，仅仅是在消磨时间，把时间大把大把地浪费在无谓的蠢事上。

有多少家庭都是这样度过一个个宝贵的夜晚呀！他们没有学到

任何东西，没有做任何有意义的事情，任由时间流逝，甚至不愿意参加一些有益身心的娱乐活动。

好在每家每户都会出现一两个决心不再过平庸生活的人。尽管他们希望有朝一日能够出人头地，想要通过系统的学习来充实自己，但他们的生活环境却常常干扰他们。除非这个人雄心勃勃且有破釜沉舟的决心。否则，大多数的孩子都会选择放弃并且最终随波逐流。

然而，从古至今，总有少数理想远大的年轻人选择了坚定不移地走自己的路。他们不需要鼓励，即便在热闹嘈杂之处，也能够找到角落静心学习。而志向平平的普通人，只有在别人的鼓励下或者环境允许时，才会奋发图强。如果没有这些条件，他们则无法走出牢笼，去追求更高的生活，而是渐渐地满足于家庭生活的安逸。也许曾经的理想会偶尔闪现，但当一切都业已成为习惯时，所有的梦也将随之消散。

如果做父母的都能明白鼓励孩子自我充实的好处，从小培养他们养成爱学习勤观察的习惯，这个世界将减少许多无知、犯罪以及不幸。对孩子的培养需要耐心。一个渴望知识、做任何事情都全力以赴的孩子，将来创造的财富是无法用金钱衡量的。

如果条件允许，最好给每个孩子都配备一间可以静心学习和思考的房间。房间小没有关系，就算在角落也可以，只要灯光充足，有桌子和书架，再加上一把舒服的椅子足矣，越简单越好，最重要的是舒适，要让孩子有坐下来学习的欲望。但如果没条件给每个孩子都腾出一个独立的小空间，那就安排他们在同一间房间里学习。

无论房子多么简陋，家里都应该拥有大学校园般的学习氛围。贫穷的父母更应把希望寄托在孩子身上，鼓励他们向前看，教导他们理想要远大，要高尚，长大以后成为对社会有用的人。

年轻人应该多读名人传记，像林肯、加菲尔德①、亨利·克莱②等都出身贫穷，但他们从不虚度时光，而是争分夺秒地吸取知识，最后克服了重重困难赢得了受教育的机会。他们都是奇迹的创造者。

可惜大多数人都不相信家庭教育，认为去学校或研究院接受教育更为现实且可靠。在美国，家庭教育实际上为那些没钱上大学的穷苦孩子提供了受教育的机会。比如林肯，他完全是自学成才的，就连外国人都为他的博闻广识惊叹不已。如果他年轻时没有自学过很多书，在乡村田野长大的他，怎么可能获得等同于大学教育的知识，并且从一个穷苦小伙子奋斗成为美国总统？连又聋又哑又盲的海伦·凯勒都可以通过努力赢得大学教育的机会，怎么身体健全的年轻人反倒做不到？难道拥有健康的身体，不就意味着拥有更多的机会吗？

①　詹姆斯·艾伯拉姆·加菲尔德（1831年11月19日—1881年9月19日），美国政治家、数学家，美国历史上唯一一位数学家出身的总统。加菲尔德家境贫寒，幼年丧父，全靠自己半工半读由中学升入大学。但他26岁时即出任大学校长。内战期间为反对奴隶制，弃笔从戎，32岁时即晋升为陆军少将。后被林肯赏识，弃军从政，进入国会。1880年加菲尔德当选为第二十任总统。就职仅四个月即遭暗杀，是美国第二位被暗杀的总统。他一生作为教育家、演说家、军人和国会议员，颇有成就。——译者注

②　亨利·克莱（1777年4月12日—1852年6月29日），美国参众两院重要的政治家与演说家。辉格党的创立者和领导人。美国经济现代化的倡导者。他四岁丧父，但早慧且阅读广泛，十五岁便在法庭谋得公务员职位。他曾经任美国国务卿，并五次参加美国总统竞选。他数次解决南北方关于奴隶制的矛盾，被称为"伟大的调解者"，并在1957年被评选为美国历史上最伟大的五位参议员之一。——译者注

难道你比海伦·凯勒身体更不方便还是比亚伯拉罕·林肯更加贫穷？

文化不高的人往往觉得教育高不可攀。他们于是没有信心，不敢争取，没有意识到每天只需抽出一点时间去读书或学习，他们也有机会实现梦想。

学习的原理其实和存钱一样。我们都知道每天省下一个便士就能够攒下几美元，久而久之几美元就能变成几千美元。同样，我们多挤出一分钟去读书学习，就是往自己身上多投资一个便士，而对自己的投资，回报率更是没有上限。拥有了知识，不论是上刀山还是下火海，都有能力翻越；尽管失败了，还可以从头再来，因为你最宝贵的资本犹在。

拥有充实人生之人，过去必定不浪费一分一秒。每当听到别人，特别是年轻人在讨论如何消磨时间时，我就倍感痛心。难道他们不知道消磨时间就是在消磨人生吗？最终把可以改善人生的机会给消磨掉，把自己的抱负给消磨掉。只此一次的人生也就这样度过了。

消磨时间就是在消磨买通美好人生的红宝石啊！

在最近的一次全国废弃物品处理大会上，人们看到了一些关于废弃物品的有趣事实。大会代表来自全国各地，他们向听众展示了投资废物利用所带来的收益，竟高达七百万美元。

其中一份报道说，去年出口的羊毛碎布在国外的工厂被改造成了再生毛线，收益高达两百万美元。

而用旧了的锡罐头，严重磨损了的炊具，以及丢弃了的各种五金用品，则被重新加工为马口铁，总值一百一十四万美元。

当然，废物回收并循环利用已经发展了好几年，只是规模不大，而且零零散散，只在大城市里进行。如今，废物循环利用已经搬上国家议题，并由国家组织，因为其不仅可以带来经济效应，而且具有环保价值。

如此赢利的项目靠的竟是那些被人们认为是无用并且丢弃了的生活垃圾。

同样，我们每天又浪费掉多少价值上百万美元的精力和时间在一些毫无意义的愚蠢事情上？

在费城的一家金币铸造厂，地上放着一个木制的格子架装置。每当清扫地板时，就把该装置拿起来，从而把散落到地上的金沙都收集起来。年复一年，这些金沙也越积越多，价值甚至超过上千美元。同样，希望获得成功的年轻人们，也应该拾起每天零零碎碎的宝贵时间，积累自己的人生财富。

有人可以靠捡拾垃圾致富，像废皮革、回丝、焊渣、铁屑、牛马的铁蹄、牛角、甚至废弃的矿山或农场等被人丢弃的东西，都蕴藏着宝物。同样，我们也可以依靠捡拾"时间"成名，将别人认为是无用的零碎时间利用起来。我们人人一天都拥有一样多的时间，不同的是，我们是否充分地利用之。

用同样的材料有人可以建造一座宫殿，而有人则只能搭出一间小屋。有人出身富裕而有人一穷二白。命运有时也许是不公平，但在时间的分配上，绝对是做到了人人平等。

凭靠奋斗、坚持不懈以及善用时间获得成功的例子不胜枚举，我们都不需要列举像富兰克林、克莱、韦伯斯特以及林肯这些先贤的成才故事，就在我们的同代人中，如埃德温·马卡姆、贝弗里奇议员、康奈尔大学校长舒尔曼先生以及安德鲁·卡耐基等都是很好的例子。他们通过自己的勤奋努力，在业余时间自我增值，最后获得成功。

我还可以举出更多的例子，有些是我认识的人，还有一些是在书上读到的人，他们都是凭借每天坚持不懈的学习，才得以成就辉煌。

玛丽·尼尔森小姐，一个女仆，在每晚干完活后自己看书学习，最后自学成才，进入大学接受高等教育。她现在已经是爱荷华州第蒙市丹麦学院的艺术系的学生了。

阿尔弗雷德·特隆贝蒂，当代最伟大的语言学家，曾经在意大利波罗尼亚市做过理发师学徒，一星期只领一法郎的薪水。他在别人都休息或娱乐的晚上，自学英语、法语、德语、拉丁语、希腊语以及希伯来语，并最终成为语言专家。

艾奥瓦州滑铁卢市的一名年轻妇女，由于家庭贫困，七岁开始便下田耕作，十四岁就担负起照顾一家十二口的重任。她充分利用所剩不多的空余时间，自学准备大学考试，现在已是年薪两万美元的执业医师了。

威斯康星州州长约翰·A.约翰逊从小家境贫寒，下有弟弟妹妹需要照顾，但他全凭自己的努力，走出贫穷，坐上州长的位置。在铁路运输业、金融业、大学、政界、商界、制造业以及各项科研创新领域里，有所造诣之人都是这样一路奋斗过来的。

世上难道还有比成就自己的人生更为重要的目标吗？有比努力奋斗，向伟人学习，提高声望，为社会做贡献更激动人心的生活吗？

我们现在生活在男女平等的时代。妇女比过去拥有了更多的机会和发展空间。可是仍有不少妇女没能好好利用这个黄金时代，放弃了学习知识的机会，还困惑自己怎么没有别人聪明能干。她们忽视了一个很重要的问题，那就是在外工作的丈夫们由于经常接触大千世界，见识也会一天天增长，如果妻子没能跟上丈夫的脚步，只会失去对丈夫的吸引力。如今很多家庭妇女没有生活目标，就只能看别人脸色过日子，为一点琐碎小事就能闹得鸡飞狗跳。

有计划才有可能成功。如果我们有理想，就应该利用一切能利用的时间去完成我们的计划。成功人士都是每天按部就班地执行计划之人。他们不允许有阻挠计划实现的事情发生。只有做好人生规划，并实行之，才能提高自身的人格魅力。

白手起家的伟人都是善于利用时间充实自己精神世界之人。

我近日和一位事业有成的朋友聊天，得知他年轻时很少出去玩，而他的朋友们都不能理解，为什么他不在休闲时间出去拜访朋友或者参加聚会。其实那时的他已经给自己制定了一个目标，并下定决心要利用每天的空闲时间充实自己，以求一步步地实现这个目标。

如果改写一下《林肯传》，把他年轻时候利用业余时间读书和思考所得到的益处都省略不谈，将给这个世界带来怎样的损失啊！读《林肯传》的少年朋友们肯定会感到无比的惋惜，认为像林肯那样能言善辩、博闻多才的人整天埋头书本，不出去和朋友聚会实在可惜。而事实上，林肯是因为胸怀大志才如此。他从《华盛顿传》里看到了自己未来的无限可能，于是下定决心要从借来的每一本书里挖掘出能给予他灵感以及帮助的知识。正是因为从小便养成勤奋好学的习惯，林肯才能成为美国历史上最伟大的人物之一。

何不从现在、此时此刻开始，就制订你的人生计划，并马上开始争分夺秒地实行之呢？

如果每家每户都能坚持每天抽出一个小时读书，无论是读历史、地理、文学还是学习数学或者外语，坚持一年，这家人会有怎样的变化呀！在不需要集中精神的时候，如果能够把注意力集中在想要学习的科目上，坚持下来后你会惊奇于自己的进步，并且做任何事情都会变得更有效率。晚上给自己充电可以让自己更好地完成第二天的工作。由此积累下来的知识能让你在任何领域里都获得成功。只有全力以赴，尽最大努力为人生奋斗的人，才会得到真正的满足和幸福。

世上有太多的人在快要走到人生尽头时才为自己没能好好珍惜时间悔恨不已。他们的一生都在为自己没能接受教育而遗憾，却没有想到如果当初能好好利用时间自学知识，得到的岂止是一次大学教育。

你只要告诉我某人是怎样度过休息时间，怎样消磨漫长冬夜，以及怎样看待机遇，我就能预测他会有怎样的未来。

人只有不断吸收知识，才能拥有远见卓识。广博的知识使人心胸开阔，富有同情心。相反，不学无术之人往往心胸狭隘，刻薄待人。

坚持充实自我的年轻人是幸福的，因为他们永远在进步，在吸收知识，在为将来做更好的准备。出于对知识的渴望，他们兴趣广泛、知识渊博。而这样的人，往往都幽默风趣、魅力四射。

如果你渴望成功，就应该尽最大的努力弥补自己所缺失的教育，并向各行各业的朋友们虚心讨教，丰富自己的学识。印刷工可以教你排版的艺术，泥瓦匠可以告诉你许多有趣的知识，而农民则了解你一无所知的领域。甚至于你手下的职员，和你邻桌工作的同事，都能为你提供许多有价值的信息。

很多人终其一生都仅仅接触过一两个领域，除了他自己的专业，便一无所知。而正是因为其狭隘的知识面，导致他未能在自己的专业领域里脱颖而出。

思维越开放，知识越广博的人越是懂得"三人行必有我师"的道理。他们像蜜蜂一样四处采蜜，真正地看尽人生百态，尝遍酸甜苦辣。

当今社会有太多甘于平庸的人。他们没文化、没技能，还整天把宝贵的时间浪费在无聊的娱乐活动、闲聊闲逛上。他们本可以有所成就，可惜不愿意付出努力，利用空闲的时间自我充实。他们不愿意放弃安逸的生活，放弃剧院、舞会以及那些愚蠢的说长道短，去充实自己的灵魂，争取更好的生活。他们看不到自我充实的重要，竟对这样一颗可以改变人生的宝贵珍珠视而不见。

为了学习放弃玩乐需要很大的决心和毅力，但你最终总会得到回报的。

面对愈演愈烈的社会竞争，我们更需要重新武装自己，增强自己的精神力量以及提高自身的文化水平。各行各业的用人要求都在逐年提高，自我增值更是迫在眉睫。供需相应，我们自我充实的强度也必须相应增加。

无知再也不能成为借口。但凡身体健康、理想远大之人，都可以挤出时间自学成才。很多人十几岁便被迫辍学外出打工。他们没上过几天学，但却更加懂得惜时如金的道理，并充分利用业余时间自学成才，一点都不比从大学校园里走出来的天之骄子差。

我想起有一个担任两所学校校长职位的一个人，他甚至高中都没毕业，如今却在数所大学里任职。对他而言，漫长的冬夜和应当寻欢作乐的节假日都意味着人生的另一种可能。

智慧从不向好逸恶劳之辈敞开大门。她的珍珠从不对外出售，只有真正付出汗水去争取的人，尽管身无分文，也一样可以得到她的赠予。

不再抱怨没有机会接受教育，没有机会得到好工作，勇敢面对困境，竭尽所能解决问题的年轻人将来一定能够有所成就。也许他只能一步一步地慢慢走到目的地，但他可以走得很远。

已经错失高等教育的年轻人呐，你们要怎样度过漫长的冬夜？你会随波逐流，对自己的未来没有一点主见吗？如果是那样，你极有可能加入庸者的队伍。未来是不会自己变好的，她需要当下去塑造、上色才会变得多姿多彩。昨日成就今日，今日成就明日。生活能够给予我们的，就在于我们怎样去利用逝去的时间了。

我们常说富人越富，穷人越穷。然而，造物主并没有让富人垄断对人类最重要的东西：时间。即使是身无分文的奴隶，他的一天、一年并不就比万人之上的皇帝少。就算是世界首富、产业巨头，都无法剥夺即便是最卑微之人的一秒钟时间。

你是否意识到在你不假思索就浪费掉的那些时间里，已经有多少人自学了不亚于大学教育的知识？你又是否知道人类历史上从来没有像今天那样普及教育、重视教育，而教育也给人们带来了史无前例的巨大力量？

有人也许认为薪水微薄的人再怎么省吃俭用也攒不了几个钱，而没有机会去上学的人再怎么争分夺秒，在家自学知识，也比不过那些接受了正规教育的人。

然而，如果能够利用业余时间通过一所好的函授学校自学，一样可以获得高质量的教育。成千上万的人正是通过上函授班自学成才，并因此摆脱了无知的尴尬。他们在事业上获得的成功以及拥有的社会地位，都要归功于他们自学而来的知识。

我恰好认识这样一位年轻人。他经常旅行，并喜欢随身带着几本有阅读价值的书，如文学作品或函授教材。这个习惯让他得以广泛阅读英语名著、科技文章等，并因此获得了许多重要的知识。

以上的例子就足以说明善于利用时间的好处。这个年轻人并不比其他职员拥有更多的业余时间，但他懂得利用这些时间进行自我增值，并因此取得了更大的成就。

对进步的渴望是一个人内心强大的表现，同时也是赢得成功的法宝。

副总统威尔逊先生从小爱读书，甚至连下田耕作都不忘随身带上一本书。就这样在他二十二岁前，他阅读过的书籍已经是上千册了。而林肯也一样从来是书不离手，以确保可以随时随地利用零碎的空闲时间看书。瑟洛·威德①从前在糖槭林工作时，每晚都要带上书去上班，甚至连糖浆被篝火烧滚了也毫无察觉。科利尔牧师在铁匠铺打工时，在他工作的砧板旁边总要放一本文学著作，以便能在工作的间歇时间充实自己的大脑。

没有充分利用资源把自己的才能发挥得淋漓尽致之人，在所有的行业里都只能充当小角色。假如一个人天生是做老板的料，为别人打工只会埋没才华，他也因而无法成为优秀的员工。我们都听说过这样的故事。然而，又有多少人会想到，如果这个人从今天开始努力学习，把自己的才华充分挖掘出来，那么他难道还会甘于做一个小小的职员，而不去追求更高的位置吗？

"我们从不好好把握机会提高自己，"一位作家说道，"任由宝贵的时间流逝而去。当机会来敲门时我们总是没有准备妥当，就像到了下雨天我们才猛然醒悟，原来自己没带雨伞。"

知识就是力量。你所学到的任何知识，看过的任何好书，以及做过的任何思考，只要有助于你的成长，便有助于你的事业。我认识很多宁愿不赚钱也要提升自己的年轻人。他们放弃可以挣到钱的工作，利用业余时间或半个长假学习知识。相对于提升自己，金钱显得没那么重要。而在不久的将来，他们的老板也将认识到他们的价值，晋升涨工资自然也就不在话下了。

想要获得怎样的人生就在于你为人生做了多少准备。付出了多

---

① 瑟洛·威德（1797—1882），美国纽约辉格党领袖。

少汗水便能收获多少果实。无论你为人生做了怎样的投资，都比不上为自己成长的投资。只有不断学习、自我增值的人才能获得最大的满足感。

第十五章

找准自己的位置

无论你拥有什么才华、梦想，在选择职业前都要三思，要先了解清楚自己。选择的职业应要符合自己的个性，能够让你发挥出最大的才能。切莫成为任人操控的机器人，而是要自己做主，因为你的选择将会成为你生活的一部分，而你的态度则折射出你的理想。

在梅特林克[1]的童话剧《青鸟》[2]中，最独具匠心的一幕莫过于一群未来将要出生的孩子们排着队在等待降落人间。他们争相挤向时光老人的帆船，吵吵嚷嚷，希望尽早赶上转世的班船。在每一个孩子的小手里都抓住了各自的命运。有的注定要成为艺术家，有的则是工程师，有的是诗人，而有的则是建筑师。从最卑微的职业到最高尚的职业，应有尽有。

这富含诗意的一幕，形象地向人们传递了一个真理，那就是，造物主赋予了我们每个人至少有一种才能，让我们将来至少可以在一个领域里获得成功。

也许你的朋友们和亲人认为你适合从事某项工作，但他们的想法不一定符合你上船时手里抓住的那项才能。只有你最清楚自己的血液里到底流淌着什么才华，因为那是你和造物主之间的秘密，即使是最亲密无间的朋友也无法分享。你的天赋就如同呼吸，不需要

---

① 莫里斯·梅特林克（1862—1949），比利时剧作家、诗人、散文家。
② 《青鸟》讲述了两个孩子为给仙姑的孙女治病，走遍记忆国、黑夜之宫、森林和墓地去寻找青鸟的故事。

后天培养便能够无师自通，关键在于你自己有没有深入去挖掘它。

成功还是失败，就看你有没有读懂自己的天赋，找到属于自己的位置。

美国有一个家庭富裕的小伙子，十分渴望能够拥有自己的事业。他业余喜欢画画，而且画作经常得到朋友们的赞赏，于是便跑到巴黎去学习美术。三年痛苦的学习生涯让他幡然醒悟，明白自己永远都不会成为一名伟大的艺术家。他讨厌无休止地拿着画笔工作，而且觉得临摹十分无聊。他的心总要不自主地飞向农场。最终这个小伙子毅然决定放弃那个不属于自己的梦想，重返故土，奔向乡间田野去追随属于自己的使命。

他现在已经成为伊利诺伊州数千亩农场的主人，拥有一栋装修高雅的豪华别墅。每年冬天，他都会旅行到各个国家去学习科学的种植技术以及育牛方法。他为社会提供了数以百计的就业机会，并给予当地的小农场主很多帮助。找到自己天赋的他，现在是过得既快乐又充实。

如果他当初没有意识到自己的错误，继续为成为艺术家而奋斗，他的人生将会多么悲惨和不幸啊！

在大城市，最让人感到悲哀的，莫过于看到一大群有为青年为不属于自己的事业而奋斗、挣扎。他们从事不适合自己的职业，徒劳地浪费青春，得到的只是一次又一次的打击。如果他们能够找到自己的才能所在，成功和幸福也不至于如此遥不可及！

成千上万学习美术、演讲以及戏剧的学生，从事各行各业的职员，每天都在徒劳地挣扎，希冀有朝一日能够出人头地。然而，他们所能得到的只有失望和痛苦，因为无论他们如何努力，都无法超越同领域的天才们。

大材小用无论是对个人还是社会，造成的损失都将难以估量。就如同把圆形的柱子打入方形坑内，没有找到属于自己位置的人会因为做着自己不喜欢的工作而郁郁寡欢，甚至影响工作效率。

我十分同情这类人，他们选错了路，做着不适合自己的工作，就像一根打进方卯眼里的圆柱子。他们无法追求更大的成就，而当他们想从头再来时，却已经太迟了。

有的时候，一次错误的选择便能决定你的一生，而想要改变可就没那么容易。我们往往是已经走了一大段路才发现自己走错了，想从头再来却找不到出路。尽管我们费尽心思地想另辟蹊径，其结果只会和以扫① 一样，卖出去的名分永远都买不回来了。

所以我们应当在做出选择前确认自己是否真的适合这个职业。

如果选择了不合适的职业，你会像穿上不合身的衣服一样感觉不自在。太大或太小的衣服都会让你看起来很滑稽，而且碍手碍脚。你无法全身心地投入工作、热爱工作，所以也就无心享受工作的过程，并从中得到满足感。

如果你的工作让你觉得烦躁讨厌，你无法从工作中获得成就感，你无法为拥有这份工作而感谢上苍，那么，可以肯定你是入错行了。相反，如果你能从工作中得到快乐、满足，每天早上都很高兴可以继续昨晚未尽的工作，并且觉得自己得到了锻炼，那么你的

---

① 以扫，《圣经》中以撒和利百加的长子，为了"一碗红豆汤"随意地将长子名分"卖"给其弟雅各。

人生算是走对了路。

　　打心眼都不认同的工作，是无法做出成就的。就像天性浪漫的人不会愿意从事机械作业，善于思考的人不会乐意仅仅处理日常琐事。我们要奉献一生去完成的工作必须和我们的兴趣、能力相符。否则，充满失望的工作只会让你日渐沉沦，失去斗志。

　　尽管我们每个人都有自己擅长的领域，但并不是所有人都可以轻易地找到它。很多年轻人以为，大家一致赞成适合自己的工作就一定不会有错。但事实往往相反。即使是历史上的伟人，也很少会去走别人为之安排的道路。有时，能否发现自己的才能，还得仰仗运气。

　　贝尔教授就是在偶然间发明电话的。他在找到自己人生方向的第一条线索时，只是一个普通的语音学教师。当时他和他的父亲已经为聋哑人设计了一套手语。一天，他突然灵机一动，想到两头各系住一个空西红柿罐头的绳子可以用来远距离传播声音，甚至彼此相隔一百英尺都可以借此进行交谈，那么用电线传播岂不是效果更好？就这样电话的初步构想诞生了。其实贝尔教授并没有什么过人之处，他的这个想法，就是智力普通的小男孩都可以从试验中得出。

　　他所与众不同的是，尽管身无分文，仍然坚持要把这个想法付诸实践。他因此找到了自己的使命，并不分昼夜地进行研究，最终完成19世纪人类最伟大的发明之一：电话。一个源于两个西红柿罐头，一根棉线的简单设想，就这样把贝尔领进了科学家的队伍，一个他从来都没有梦想过的职业。

　　就是托马斯·A.爱迪生也从未想过自己会成为发明家。他是一步一步地发现自己的这个使命。当他还是个火车上的小卖报童时，就已经躲在行李车厢里做一些简单的小发明，而正是这些发明，慢慢地启发了他。

　　很多人甚至在数次取得不凡的成就后仍然没有看到自己的人生方向。他们要尝试多几年才会有所醒悟。

　　也许你的强项并不是很突出，让你一下子就能够认定它。也许你可以同样出色地完成好多事情，但这并不意味着你就没有强项。如果你在做其他工作时，思维总是回到某一项工作上，那么你的强项很有可能就在那里。如果你还是无法确定自己的选择，那就多加尝试，但不要放弃最初的决定，也许通过比较后你才发现，一开始的方向才是属于你的未来。

　　在拜金主义风行的国家，我们尤其要注意抵制金钱的诱惑，不让物欲影响我们的职业选择。而年轻人特别容易受到影响，尤其是当他们的父亲或其他长辈只看重物质回报时，他们很可能会因此做出错误的选择。尽管财富是衡量成功与否的标准之一，但我们不能为了追求金钱牺牲属于自己的人生。

　　忽视对个性以及人格的影响，仅仅依据赚钱的多寡来决定职业方向是错误的。我们应该追求有益于品格塑造，有助于我们成长的职业作为一生的事业。

　　一个人如果选择了错误的道路，那么他只会走向堕落，陷入贪婪、自私、自满等人性的泥潭无法自拔。

　　工作的目的不仅是生活，更是成长。

橡果的终极目的在于把身上的所有能量都释放出来，成长为一棵高大茂盛的橡树。那是橡果的成功。而人的成功也应当如此，在年轻的时候把自己身上的所有才华都不遗余力地施展出来。

做父亲的在儿子对未来感到迷茫时，如果能够告诉他各种职业的前景以及对社会的影响，就可以帮助儿子做出正确的选择。他可以这样跟儿子说："我的儿，如果当初林肯也跟随大溜选择了挣钱更多的职业，我们国家将蒙受多大的损失啊！美国之所以能拥有今天的教育水平，教育出众多能言善辩的好律师、妙手仁心的好医生，林肯可谓功不可没。而如今，他的影响仍然深远，成千上万的年轻人，无论来自美国还是其他国家，都为林肯的奋斗故事振奋不已。林肯因而成为美国历史上最能激励青少年的伟人。"

告诉你的儿子，如果当初林肯放弃了更高的追求，仅仅满足于物质享受，今天会有多少年轻人的人生从此改变。没有林肯那振奋人心的奋斗传奇，我们的国家又将蒙受多大的损失，今天的美国又将倒退多少年。明白这个道理，也许能帮助你的孩子选择正确的人生道路，而不是任由贪婪、自私自利摧毁他纯真的本性。

温德尔·菲利普斯[①]、查尔斯·萨姆纳[②]、菲利普·布鲁克斯[③]等众多历史伟人都是因为能够不为利益所动，选择了正确的道路，才得以千古流芳。

亨利·克莱[④]曾说："我宁愿不做总统也要做一个正直的

---

① 温德尔·菲利普斯（1811—1884），美国废奴运动领袖。——译者注
② 查尔斯·萨姆纳（1811—1874），美国马萨诸塞州参议员。——译者注
③ 菲利普·布鲁克斯（1835—1893），美国宗教领袖、作家。——译者注
④ 亨利·克莱（1777—1852），美国政治家、演说家。——译者注

人。"我们宁可去打散工，也不能去做那种为了钱财或权利不择手段的人。当然，如果有机会发展，也不要满足于做文员或者打打工。只要我们能够诚实经商，正直为政，就应该争取更远大的前程。

而亨利·克莱正是秉着正直为人的原则，从一个小小的磨坊学童奋斗成为美国著名的演说家和政治家。

只要有能力去追求更高的地位，就不要满足于现状。人人都是带着使命来到人间的，我们应该尽力完成任务，而不是推脱责任。

对人类的最大诅咒，莫过于忘却使命，甘于平庸。

很多头脑聪明、受过高等教育的年轻人，却担任只有他们能力一半的人都可以胜任的工作。他们虽然心存希望，想往更高的位置努力，但多年的习惯已经形成巨大的阻力，让他们徘徊不前。他们一天比一天安于现状，直到最后把自己埋没在日常事务里，再也不抬头向上看。

人应当树立远大的理想，形成天天向上的习惯。因为只有这样，我们才会不断追求，充分施展自己的才华。

我们都应该选择自己认同并且最能发挥自己才能的职业，只有这样，我们才有动力不断追求进步，为更远大、更高尚的理想奋斗。如果从事连自己都不认同的职业，只要想想，都会让人灰心丧气，而长期下来，人的斗志以及才能都会被消磨殆尽。

世上有很多职业可以让你过上富裕的生活，但你却不能从中得到灵魂的提升。这些职业无法扩展你的视野，提高你的精神境界，帮助你在生活的方方面面都成为受尊重的人。

无论你做什么谋生，都不要选择那种无法帮助你成长的工作。

理想的工作应该要能够最大限度地发挥出一个人的创造性，调动其所有的才华和智慧，并能让他的领导能力得到展现的机会。

尽量选择动机高尚的职业吧！在考虑是否要从事某项职业前，最好先了解清楚从事该行业的人群。他们是否心胸开阔、知识广博、才华出众、乐于助人？他们是否在社区里受到大家的尊敬？他们是否能与同事和睦相处？这项职业是否在社会上得到尊重？在做出判断前，切忌以偏概全，而是要从整体着手，观察其从业人员的整体素质。

人生一大悲剧便是陷入错误的岗位上不能自主，失去伸展的空间，无法成长，甚至自己的灵魂都为此感到厌恶。我们有一半的人生都在为找到属于自己的位置而战斗，一半以上的快乐都来自这个位置。因而人可以为此倾尽全力，只要能够找到自己感兴趣、愿意投入全部热情的工作，我们就能充分发挥自己的才能把工作做到最好。

从事违背自己天性的工作很难能够获得成功。即使是意志坚强，坚定不移并且高度负责之人，在自己不喜欢的岗位上工作，即使获得成功，也无法获得满足感，更遑论创造不朽。没有找到属于自己位置的人总会觉得缺失了什么东西，而那正是对工作的热爱、热情，自发的兴趣以及所有获得真正成功和快乐的因素。

在每一座城市以及村庄都应该设立一所能够帮助孩子发掘自身天分的学校。这所学校能指导孩子选择最适合自己的职业。而加里教学体系正在着手解决这个问题。几年过后，我们的孩子们就会拥有专门的职业规划师帮助他们选择最合适的职业。他们将会接受专业培训，而他们的健康状况、梦想、性格以及遗传基因都将得到细心的观察以及科学的指导。每个孩子都将得到专家测评，他们将对其职业规划给予建议，这样孩子们就能树立明确的目标，知道自己从事何种职业才能最大限度地发挥才能，获得成功。

最佳的教育不应该和未来的职业选择脱节。一个孩子最喜爱玩的游戏往往就是他的天赋所在，而家长和老师就应该对此加以引导，使这个孩子的教育和未来的工作得以承接。

为什么成年人就不应该像孩子玩游戏一样从工作中获得快乐和满足？玩乐的岁月应该要像童年过渡到少年，少年过渡到中年，再由中年过渡到老年一样顺其自然地过渡到需要工作的岁月。造物主的初衷，是把工作设计成大人的游戏，因此，我们应该要像孩子享受游戏一样享受工作。

然而，我们却到处都能看到布满忧伤、失望的面庞，这些人显然憎恨他们的工作，认为他们从事的职业既单调又无聊，更别说享受工作了。他们因为没有找准自己的位置而痛苦，一旦得以从事与自己的天性相符的职业，他们将快乐起来，而且灵感迸发，不断进步。很多人之所以工作效率低，生活不开心，是因为没有找准能够发挥自己最大才能的位置。

有的人终其一生都不得志，在公司里只能担任最普通的职位，在单位里永远做别人的下属，或者一辈子当办公室文员。他们到老都碌碌无为，不能担当重任，生活缺乏激情。然而，正是在这些默默无闻的人群中，也许隐藏着出色的农民、医生或是工程师，他们因为没有找准自己的位置而埋没了才华。

在这些职工中，很多人都害怕赌上自己的所有去成就梦想，他们唯恐失败，害怕失去。尽管知道自己可以在其他领域里取得更大的成就，但他们还有家人需要养活，不能冒险。于是他们便在错误的位置上蹩脚地活着，无法追求更广阔的世界，更无法最大限度地成就自己。

世上最叫人感到悲哀的一幕莫过于看到一位年轻有为、意气风发的年轻人把自己的前程及才华浪费在一个平庸的岗位上。他的能力得不到半点施展，仅仅担任一个无足轻重的小职位。

这种情况的发生有时是源于意外，但更多时候是因为年少无知。一个刚刚踏出校门的毕业生，还没有发现自己的才华所在，就急切地渴望找到工作，于是他便草率地决定自己的人生，认定第一份找到的工作，也不管是否适合自己。后来由于不清楚自己想要什么，而又没有更好的机会，便又继续安于现状。上涨的工资更是安抚了他蠢蠢欲动的心，将他继续捆绑在那个不属于他的位置上。如果他能挣脱束缚去追求真正属于自己的位置，他便可以成就更为伟大的事业。

就这样，原本可以大有作为的年轻人变成了一根打进方卯眼里的圆柱子。他们的雇主总是给他们灌输希望，让他们忘记自己的才华所在。尽管他们最终幡然醒悟，明白自己选错了路，但也只能无奈地感叹时光难以倒流，或者希冀上天忽降大任，从而扭转乾坤。

这正是一失足成千古恨呀！当一位刻苦的年轻人在不属于自己的位置上努力奋斗后，虽然没能发挥自己的才华，没能奔跑着前进，但因为不懈的努力，就算是蹒跚而行也能向前走一段距离。尽管是跛脚的人只要持之以恒，也能到达某个地方，取得一定的成就。

于是，我们便自欺欺人，强迫自己相信只要努力就能达到预期目标。每年的一点进步和加薪，便成为我们留守方形坑的借口。

很多父母出于私心，竟然鼓励自己的孩子在不属于自己的位置上努力奋斗。通过刻苦和勤奋，他们也许能够获得一点进步或加薪，但仅此而已，而他们的父母却不愿意他们冒险改变。他们甚至试图劝阻自己的孩子，让他们知难而退。

比如，某个男孩很有做工程师的天赋，但因为走这条路需要多年艰苦的学习且没有收入，他犹豫不决了，而他的父母则因为花费太大、耗时太长，劝阻儿子放弃。他们于是建议儿子选择马上就能有回报的工作。很多年轻的寻梦者正是绊倒在这块大石头下，他们急切地想要挣钱，便为当下一点的回报而放弃更远大的前程。殊不知，比起他们所放弃的，这一点工资又算得了什么。

无论你选择何种职业，都千万不要屈服于此种诱惑，不要为了眼前的一点所得便牺牲自己的未来。坚定不移地追求自己的理想，做最适合自己的工作吧。尽管你必须为此付出更多，距离回报更远，时刻记住将来的丰收便可。也许在找到属于自己的岗位前，你不得不频频跳槽，但不必对此感到害怕，义无反顾地去寻找自己的未来吧！

在大学的划艇训练中，教练会先让运动员们在每个位置上都试划一下，以测试他们的最佳发力点。有的运动员需要在船头才能发挥出水平，而有些在船中央，有些则在船尾。有的运动员擅长在右船舷划桨，而有的则习惯于左船舷。同样，人的一生，只有找到了属于自己的位置，才能发挥出最大的力量。

我听说在某家大型百货公司，一个在黑色商品部做销售的女孩由于业绩太差，其部门经理决定解雇她。然而，作为一个有责任、善良的人，这个经理并没有立即将女孩解雇，而是先找她谈话，了解她失败的原因。女孩坦言道，这份工作完全提不起她的兴趣，她无法投入到工作中。经理进一步追问，发现女孩对色彩十分敏感，喜欢搭配颜色。于是他便改变初衷，将女孩调到其他部门，让她的才能得到更好的发挥。女孩在新的部门工作得很开心，她不需要像从前销售黑色产品那样卖力不得好，反而获得了更大的成功。

人生如同划桨，只有找到了最舒服的位置才能发挥出自己的最大能量。抱着愉快的心情信心十足地工作和像做苦力一样强迫自己工作是不一样的。前者自发地采取积极主动，充满激情，后者则消极被动，充满了痛苦。

很多人在毫无了解的情况下便草率入职，而当新鲜感过去后，又懊恼地发现自己被捆在错误的岗位上，一生都将难以得志。

还有一部分人则好逸恶劳，他们讨厌麻烦，不愿意付出，往往满足于轻松平凡的职位。

正因为如此，很多年轻人难以全身心地投入到为未来人生做准备的学习中。医学院的年轻学子们，渐渐地对复杂琐细的解剖学、化学、生理学等心生厌倦，还没有领略到医学的奥妙便开始厌烦。他们看到那些年轻的律师们夹着神秘的绿色公文包穿梭在街道上，听他们在法庭上为当事人做辩护，便感叹学法律和学医一般琐碎无趣，甚至同情起他们来，认为他们跟自己一样也是入错了行。而法律系的莘莘学子们则在为布莱克斯通①的《英国法释义》头痛不已，认为学法比学医更是一个错误的选择。现实与预想相差太远，他们甚至羡慕起学医的同学，向往医生的职业。

我听说有一位年轻人，怀抱成为律师的梦想，获得其父亲的同意，到某律师事务所实习。仅仅一个星期，他便疲惫地打道回府，其父亲惊奇地问道，难道你不是喜欢法律吗？年轻人回答道："不，我甚至后悔自己居然浪费了那么多时间去学习它！"

年轻人初入职场时总会觉得工作单调枯燥，他们在实习初期感到失望是在所难免的。然而，如果他们真正适合所选择的职业，在入门过后，便能获得越来越多的满足感，从而更加信心十足地投入到工作中。

遗憾的是，大多数的年轻人还没有走到这一步便泄气了。他们的工作永远无法成为生活的一部分。他们动辄放弃，没有足够的勇气和毅力坚持下来，也因此无法在任何领域里获得成功。

无论你拥有什么才华、梦想，在选择职业前都要三思，要先了解清楚自己。选择的职业应要符合自己的个性，能够让你发挥出最大的才能。切莫成为任人操控的机器人，而是要自己做主，因为你的选择将会成为你生活的一部分，而你的态度则折射出你的理想。

不要因为你的父亲、叔叔或者兄弟在从事某项职业所以你也做出同样的选择。不要因为你的父母、朋友希望你继承家业所以你就

---

① 威廉·布莱克斯通（1723—1780），英国著名法学家，著有《英国法释义》。——译者注

屈服。不要因为羡慕别人挣钱多所以你也跟随大溜。不要因为众口一词说某种职业好，你也就盲目追求。世人所认为的好职业往往安逸稳定，不需要你去披荆斩棘，付出太多的努力，但同时你也就失去了学习及锻炼的机会。

很多人竟然因为觉得某些职业很光荣，以这种可笑的理由选择从事法律、医学或者宗教等行业。而他们很有可能会成为成功的农场主或者商人啊。他们所认为能够带来荣誉的职业，只会愈加显示出他们的无能和卑微。

一旦找准了自己的位置，则永不回头，坚持到底。不要让任何事情使你分心，也不要因为任何困难或者沮丧而动摇信念。

义无反顾的决心、坚定不移的目标，是滋养成功的精神力量，是给别人带来信心的根源。只有这样的人，才能够得到他人的信任以及支持。人们通常只会相信目标明确之人，即使他从事了不适合自己的职业，人们都会愿意帮助他改变自我。因为坚毅之人拥有坚定的信念以及大无畏的勇气，使得世人相信他们不会失败。

选择职业生涯时，请务必静下心来倾听内心的声音，不要让任何杂念或者欲望把心中的清澈之音淹没。时刻提醒自己每一次的选择都关乎未来，所以不可草率。年轻时不要以世俗的标准选择职业，而更要看重是否有益成长、有益社会，以及是否能给自己和他人带来快乐、福音。

第十六章

快乐的诀窍

我们想要得到快乐，就应该积极培养自己心中阳光的一面。只有乐观的生活态度，才能为心灵带来甘泉。心灵的阳光是灵魂的补品。只要我们愿意，谁都可以成为乐观主义者。我们首先要做的，就是清除思想中的病态分子，用积极阳光的新思想取代之。

前哈佛校长艾略特在他的"快乐人生"讲座上说道："任何事情都有好坏两面。就拿东北风来说，有的船只会因之偏离航道，有的则被它引起的巨浪打到悬崖峭壁上。海上刮起的东北风对我们而言是自然灾害，因为它不但能毁坏财产，还能夺走生命。然而，在大陆上，它却给万物带来雨露恩泽，浇灌了成千上万的农田，还为人类和动物带来甘泉。"

我们要想得到快乐，就应该积极培养自己心中阳光的一面。只有乐观的生活态度，才能为心灵带来甘泉。

如果人人都懂得这个道理，把自己内心的阴暗面尘封起来，那么人类社会离太平盛世不远矣。到那时，每一个人都能感到幸福，每一个人的生活都像是在唱歌而不是在哀鸣。

然而，我们大家却总将快乐拒之门外，自己躲进阴暗的角落里自哀自怜，放着充满欢乐与阳光的康庄大道不走，反而去钻阴暗丑恶的下水道。内心的猜疑、恐惧、焦虑、嫉妒、怨恨以及自卑便一点一点地侵蚀我们，把快乐和光明全都赶进角落的牢笼。

西奥多·凯勒①曾说："关上窗户就是拒绝阳光。快乐和阳光一样，不是索取就能获得，而是要靠行动。"如果我们想要得到快乐，就必须拆掉封住窗户的围栏，让阳光射进房间。只有扫清阻挡快乐的障碍，快乐才能充满我们的灵魂。

世上再也没有比开朗的心情、乐观的人生态度更有效的良药。它可以治愈所有疾病，安抚所有伤痛。一个人即使一穷二白，只要个性开朗，就不会去计较人生的得失苦痛，一心只想快乐生活。而内心阴暗忧郁之人，即使拥有全世界的财富，也无法买到快乐。

我认识一个心灵阴暗的有钱人，他去到哪，就能把自己的坏心情带到哪。他从来没有说过一句让人感到愉快的话。他整天闷闷不乐，待人刻薄，自私自利又贪婪无比，连他自己的孩子都讨厌他。而他的妻子则为了生活不得不忍受他。哪一天他要是离开了人世，我想大概没有人会感到伤心吧。可悲的人哪，这样的人生还不如不活。我宁愿放弃所有财产也不想像他那样阴郁乖戾。因为再多的钱，也买不回能照耀我们灵魂的阳光。

无论是我们内心的阳光还是真实世界的阳光，都象征着力量、健康以及新生。而阴暗潮湿只能孕育恶臭、杂草、弱小且病态的植物。内心的阴暗则可以削弱一个人的意志，使之麻痹、萎靡。

心灵的阳光是灵魂的补品。它能使你的眼睛焕发光彩，身体充满活力，脸上点燃希望。它是人类获得的最好礼物。正如地球上的阳光能够唤醒万物，为大地带来一片生机，人类内心的阳光也可以唤醒你身上的潜能，带给你精神和体能上的力量。

---

① 西奥多·凯勒（1822—1909），美国长老会牧师，宗教作家。

我们发现，快乐、满足感以及心灵的平和可以使人健康，增强人的免疫力，压制住潜伏在身体内的病菌。而担心、长期焦虑以及沮丧的情绪则会诱发病菌，使人生病。心情沮丧可以削弱人天生对疾病的抵抗力，所以很多人都是在听到坏消息或受到打击时病倒在床的。

很多人无疑是精神上受到了打击才生病的。一个好医生会懂得不让病人得知坏消息从而加重病情，他会想方设法为病人营造一个轻松愉快的休养环境。研究表明，积极快乐的病人比消极忧郁的病人能更快恢复健康，其比例是十比一。好心情能缓解病情，帮助病人尽快恢复健康，而积极的心态更是一剂良药。保持一个好心境就是维持精神的和谐。精神和谐了身体才能和谐，我们才会有力量去工作。

如果我们每天都能告诉自己要开心，要大度，要助人为乐，要积极乐观，那么不论我们心情有多糟糕，都可以借助积极的心理暗示把阴霾驱散。我们有能力让自己陷入悲伤，就有能力重拾快乐。快乐与否，全看我们请什么客人到心里做客。是朋友、快乐、爱、希望？还是敌人、沮丧、恨、嫉妒？选择权在我们自己手中。我们都可以这样告诉自己："我是自己的主人，我要为自己做主。由我来决定把哪类客人请入灵魂。"

我们躲进心灵阴暗的角落，不是想改变什么，只是在可怜自己。抱怨、责难，都是在削弱自己的力量，使自己在困境中越陷越深。我们纵容敌人对灵魂肆意破坏，任由自己变得讨厌、难以忍受。只有下定决心为自己开启快乐之道，才能彻底摆脱这些敌人。

毕竟，他们只是入侵者。和谐、健康、美丽、成功这些才是灵魂的真正主人。主人回来了，小贼们自然就要撤退。

很多人通过开放快乐的渠道，把内心的阴霾统统赶走。从阴暗的角落站起，抛掉烦恼、忧虑以及埋怨，再重获新生。

只要我们愿意，谁都可以成为乐观主义者。我们首先要做的，就是清除思想中的病态分子，用积极阳光的新思想取代之。

我们对自己的痛苦关注太多。身体稍有不适，或受了点轻伤，或遇到一点麻烦，就大惊小怪。这说明我们太自恋，太自私了。曾经就有一位伟大的哲学家说道："我努力让自己记好不记坏，因为我相信我们每个人都有义务这样做。"

人为了改变环境、实现梦想，竟能下定决心只去看事物美好、充满希望的一面，而拒绝承认其黑暗丑陋的另一面。而这种坚定不移的决心，常常能改变最不利的环境，给处在黑暗之中的斗士带去胜利。

勇敢的母亲，坚信一切总会好的，只要她尽了全力，总能改变恶劣的环境，于是她每天都鼓励自己，保持积极愉快的心态，用自己的双手创造奇迹。这种坚定不移、积极向上的信念，帮助母亲带领一家人走出贫穷，还清了所有贷款，甚至供孩子们上完了大学。母亲不屈不挠的乐观精神创造了奇迹，成全了孩子们的将来。

乐观的人总能振奋人心，他们给周围人带来活力以及成功的希望。他们散发出来的力量和勇气，鼓舞和帮助了身患残疾的人克服困难，为他们带来新的生活。海伦·凯勒说："尽管生活充满了痛苦，但更充满着希望。"令人想不到的是，这样的话语竟是一位聋哑盲的小姑娘对世上很多身体健全人士的鼓励！她虽然身残，但不沉沦，仍然乐观向上，为世人传播希望的福音。

罗伯特·路易斯·史蒂文森①，又一位生活的勇士，尽管终生疾病缠身，大半生穷困潦倒，仍然不忘给世人带去阳光，用快乐鼓舞人心。曾经有人这样评价史蒂文森："没人能不为史蒂文森乐观快乐的笔触所鼓舞，尽管他本人却要一生都与病魔斗争。他凭借坚强的意志，不让身体上的痛苦影响他的心灵。史蒂文森坚信，人的最大责任就是要保持乐观向上的生活态度，并用这种精神感染别人。他认为，用自己的痛苦给别人的生活带来阴霾是极其可悲的。就在这样一副病弱的身体里，我们看到了英雄之魂。他不但感染了周围的亲朋好友，还把快乐带给千千万万的读者。"如果你读过史蒂文森的致读者信，你一定也深有同感。

我们只有养成乐观积极的思考习惯，才能真正感受到快乐，拥有幸福。乐观的生活态度不仅可以给周围人带来阳光，还能磨砺我们的能力，发挥我们的最大才能。

思想决定命运。尽管只是灵光一现的想法，也能从此改变我们的命运，影响周围人的人生。如果我们思想阴郁、消极，或者病态，我们的性格、精神、道德甚至身体都会受到不好的影响。而如果我们思想阳光、乐观、健康，则能让身体的每一个细胞都充满活力，感觉愉快。

我们天性喜欢快乐，如果我们悲伤了，那是因为不肯放弃忧郁

---

① 罗伯特·路易斯·史蒂文森（1850—1894），英国小说家，《金银岛》的作者。——译者注

的念头，不愿去看事物的光明的一面，沉溺于阴暗的角落。拉斯金[①]说："我们生性愉快，世上充满了许多美好的事物等待我们去欣赏，如果你看不见，那是因为你太执着于自己的悲伤。"

不久前我到太平洋海岸旅行，在圣弗兰西斯科的金门公园里遇到一个只顾低头走路的男人。他满脸的焦虑和怨恨，既不向左看也不向右看。尽管他的周围满是不可言喻的美景，他却像瞎眼了一样，什么也没看见。

自私和贪婪都是阻挡在快乐通道上的障碍，很多美好的东西因此没法进入我们的生活。而那些只想着自己的快乐，为了保证别人言听计从就随意践踏其权利和情感的人，永远都不会明白什么是真正的快乐。他们以自我为中心，脑袋里只装着自己的幸福或金钱，却不知道是自己亲手把通往真正快乐的大门给关闭。

我们很多人都将急切想要得到的日常生活之美拒之门外。我们沉浸在对自己的谴责里，甚至给自己想象困难，而对世上的一切美好事物却熟视无睹。被我们拒之门外的无价之宝是用金钱买不到的，只要对它开启大门，无论对王子还是农民，它都一样给他们带来快乐。浪漫主义诗人露西·拉科姆[②]说："上帝为我们创造了四季的更替，就是想让我们体验不同的快乐。'上帝造万物，各按其时成就美好。'我们应该心存感激，欣赏四季之美。"

大自然就是人类的伊甸园，处处充满美，时刻在轻声唤起我们的注意。可是我们的心智被利益、野心所迷乱，既听不见呼唤，也

---

① 拉斯金（1819—1900），英国艺术评论家。——译者注
② 露西·拉科姆（1824—1893），美国诗人。——译者注

看不到、触不着美。我们完全沉浸在自己的痛苦中，蒙上自己的眼睛，关上自己的耳门，对震撼人心的美丽视而不见，对天使奏响的音乐听而不闻。我们关上通往快乐的道路，把流向灵魂和肉体的甘泉截住。为了吹弹即破的纸钞，他们竟然封闭自己的五官，阻止载满美好事物的甘泉滋养灵魂。他们听不见环绕在我们耳边的和谐之音，听不见小鸟的歌唱、微风的轻吟。草地上的小草欢快地向他们招手，他们全然熟视无睹。我们也曾生活在一切可爱、甜美、和谐之中，那时的我们是那么的无忧无虑。然而，当利益、野心蒙蔽了我们的双眼，封闭了通往快乐、和谐的道路，我们就把大自然的恩赐丢弃，忽视能带给我们勇气与幸福的美好事物。

一个瑞典老板在自己的餐馆里写道："只要你心情愉快，就能在这里吃到最美味的食物。"这个老板无疑对人性有着很深刻的了解。我们无论去到哪里，所见之物都会随心而变。如果没有度假的心情，无论去到哪里都无法专心玩乐。一个人的思想世界足以改变他对真实世界的感受。我们必须明白，自己快乐与否完全取决于自己，跟环境无关。治疗精神疾病的灵丹妙药只存在于自己的身上，而针对人性之毒如自私自利、嫉妒、怨恨、愤怒以及一切的邪恶想法和消极情绪的解药也一样只能在自己身上找到，它们以爱、仁慈和善良的形式替我们开启通往快乐以及一切美好事物的康庄大道。

很多人对自己的人生感到失望是因为他们没有将能够带来快乐、阳光以及希望的客人请进自己的灵魂。我们常常允许黑暗、绝望以及沮丧自由出入，堵塞通往快乐的道路。只要它们还停留在我们的思想里，我们便永远无法真正快乐起来。只有打败了忧郁、绝望等消极分子，我们才能给自己营造美好世界，从此快乐满足地生活。

　　但愿我们每一个人可以像梭罗①一样，惊呼道："原来世界如此变化多端，生活处处埋伏着惊喜！"

---

① 梭罗（1817—1862），19世纪美国最具有影响力的作家、哲学家。——译者注

第十七章

高尚的人生

胸怀大志之人绝不会允许自己只为满足肉体之需而活。他要把最大的精力放在对灵魂的升华上，因为肉体只是灵魂的暂时栖居所，只有灵魂才能得到永恒。他知道灵魂只有承载美好高尚之品质才能得以千古留芳，因而将其一生献给了对高尚事业的追求。

66 假如人生不是一场真正的战争，"威廉·詹姆斯[1] 说，

"那么它只是我们自导自演的一场戏。然而人生就是一场战争，因为我们生来具备七情六欲，所以我们需要用理想以及信念对之加以控制、改造。"

人类有史以来打得最为持久的战争就是灵魂与肉体之战。肉体胜利了，我们的动物属性便控制住灵魂，并逐步消灭人类所有的高尚品质。

肉体的需求是为了让我们的生命得到延续，而不是要把自己退化为纯粹的动物。我们必须让灵魂栖居在大脑的最高位置，与美、理想、情感、仁慈以及尊严等为伍。只有我们的灵魂能在这些美好品质的熏陶中成长，我们才能真正体验人生之快乐。与美为伴，即使平凡，也心旷神怡。高尚之品质不仅充实了我们的快乐，让之更有深度与广度，还充实了我们的人生，赋予我们生活的意义。

---

[1] 威廉·詹姆斯（1842—1910），美国本土第一位哲学家和心理学家，也是教育学家，实用主义的倡导者，美国机能主义心理学派创始人之一，以及美国最早的实验心理学家之一。——译者注

为吃饭而生活的人只能活在精神最底层。他们不拥有理想、抱负或者其他高尚情操。比起活在精神高层的人，他们无法感知许多东西，更无法体验人生的真正快乐。

享乐主义者提倡"及时行乐"，然而他们的快乐却只停留在满足生理欲望上，因而他们并未享受到人生真正之乐。

人生的最高目的应为提升自身价值。拥有广阔的精神世界、拥有对美好事物的爱与欣赏，都要比怀抱一沓沓的钞票和满屋的奢侈品要有意义得多。许多灵魂枯竭之人都死在堆满金银财宝的房屋里。对世界贡献最大的人，都是为生活而吃饭之人。他们选择听取灵魂的心声，选择过高尚的生活。

如果我们能把自己身上的每一个细胞都培养成只接收美好品质的"无线电台"，那么我们便能最大程度地享受人生之乐。我们的所有感官都能感知到真善美，于是生活得以升华，得以超越平庸。

在米勒①的时代，很多画工都自我标榜为艺术家，然而他们所作之画全然没有米勒作品的深度。他们缺少米勒发自内心对农民的同情，缺少米勒对事物的感知力，因而也就画不出米勒画作里所呈现的深邃思想。

我们大部分人都只停留在人性之船的船舱里，靠着舷窗看外面的海水。只有极少数人敢于爬上甲板，得以目睹海洋的广袤。他们在甲板上极目远眺，看到了凌驾在生理欲望之上的真实与美丽，于是从此摆脱底层生活，定居在更加真实的精神世界。

---

① 让·弗朗索瓦·米勒（1814—1875），法国巴比松画派画家，以表现农民题材著称。——译者注

很少有人会去发掘生活之美，把单调乏味的工作视为成长的必经之路。我们大都把自己埋没在日常的枯燥生活中，例行公事似地耕耘自己的灵魂，像海蜇、帘蛤等低等软体动物一样存在着。这样的人其实并没有真正活着，因为他们的精神生活是贫乏的。

然而，物质生活并非就不重要，只是我们应该以精神生活为主导。我们人人都需要钱，因为金钱可以为我们换取生活必需品和很多美好的东西。假如我们能以正当的方式赚钱，并将挣来的钱用于对社会的奉献上，那么，我们的灵魂也将得到滋养。"成功的人生来自高尚的灵魂。"我们也因此能够爬上人生的巅峰。

很多百万富翁就是用正当的方法赚钱并把钱用在造福人类上。既有能力赚钱，又有能力将梦想变成现实，造福世界，何乐而不为？我们反对的只是那些牺牲灵魂换取物质享受的人，如果能在对金钱的欲望的驱使下，不违背原则地赚钱，并将所得用于造福世人，岂不是一种双赢？

就拿前哈佛校长查尔斯·W.艾略特来说，如果他当初进军商界赚钱，谁能怀疑他优秀的行政能力和领导能力不会让他成为美国的又一位大财阀？然而艾略特并没有选择富翁之路，而是将其一生都献给了教育事业，领的薪水甚至比一些速记员或大部分的私人秘书还少，但他却深深地影响了美国这片大陆上的众多青年。想想看吧，在他任职期间，有多少哈佛的天之骄子被他的人格魅力、事迹所深深影响！而哈佛大学正是得益于他的领导，从一个地方性大学跻身为世界一流大学！和那些靠剥削别人也摧残自己灵魂的百万富翁相比，艾略特难道不是更为成功吗？

有很多身家百万甚至亿万的富翁都是白手起家，凭借自己不屈不挠的精神获得成功的。但他们有些虽然获得生意上的成功，却没有经营好自己的人生。他们没有发掘自己人性中最高尚的品质，因而没能发展为杰出的人物。

人应该要超越自己的所得，让人格魅力的光芒盖过所得到的财富。而如果是以牺牲人格来换取金钱，则得不到人们的真正尊重，他们所看到的只有你的财富。

我们应该重新审视百万富翁，他们把自己的一生都变成钞票，作为人他们是失败的。他们甚至不放过替他们挣钱的员工们，想尽了一切办法对之进行压榨。

当一个人让钱财主宰自己的事业甚至人生时，他已经成为了金钱的奴隶。金钱用这个标本给自己制造了一个牵线木偶，并任意地摆布之。相反，人类的巨人不为任何东西所摆布。他们昂首挺立，拿着手中的工具造福世界。如果他拥有了财富，他只会将之纳入自己的工具箱中，增强自己的力量，以便更好地造福人间。

倘若世界少了这些人，人类的前途将一片灰暗。幸好世界各地都有此类高尚之人。我们常常听说美国的拜金主义会削弱美国人的理想。尽管此话太对了，但我们也必须承认还是存在不为金钱所动的人，他们像英雄一样为理想而奋斗、牺牲。

那些我们大家都认识的公众人物，他们头上罩着名气或财富的光环，然而这些人不一定就是对社会有用的人。反而我们国家有千千万万名不见上报的人实际上对美国历史做出了更大的贡献。在学校里的老师和教授都在为国家培养未来的希望，他们的贡献是无价的。

这些人如果把他们的知识、办事能力和组织能力运用到商场上，说不定可以赚到一笔财富。然而他们选择为理想奋斗，为理想牺牲，只要能够推动世界的进步，充实自己的人生，他们宁愿不用他们的才华去换取金钱。世上还有一些看似低微的工作，如店员、裁缝、技工、苦力、农民以及为培养子女辛辛苦苦工作的父亲、母亲，他们也是推动世界前进的人群，虽然他们也曾经怀有梦想，尽管没能实现，又谁能说他们现在做的工作不是重要的？

树立高尚的理想吧！尽管你因此生活窘迫，也好过仅仅为了吃饭而生活。很多人只有在追求财富的道路上才能发挥自身的潜力。对他们而言，财富是成就一切事业、主宰生活的动力。财富去哪里，心就跟到哪里。我们心中的渴望，往往引领人生发展的方向。一味向下看的人无法到达高处，而满眼金钱的人也看不到更高的理想。一旦选择了方向，就很难再回头。我们选择了怎样的人生动力，就是选择了怎样的人生。

很多年轻人都是怀抱美好的理想离开校园的。尽管他们本性善良，但却没有胆量坚持自己的理想。他们渴望美好的生活，却害怕遭到嘲笑和批评。于是他们出于对自己利益的考虑，离理想越来越远，直到几年过后惊讶地发现自己早已失去对美好事物的憧憬，取而代之的是对金钱的欲望、贪婪。理想已经变质，他们不再向生活之上努力，反而越爬越低。他们对美的感知力已经接近麻痹了。

树立远大的理想，并以坚定的信念为之奋斗，不为外力或诱惑所动，才能强化我们的人格，给生活带来美与尊严。有的人也许想要隐藏自己的真实理想，然而我们都逃不出周围人的火眼金睛。我们是雄心勃勃还是自甘堕落，他们很容易便能得知。没人可以欺骗这个世界，或者隐瞒自己要走的道路。那些壮志凌云奋勇向上的人，不会为任何诱惑所动，也因而赢得世人对之的敬仰。

世上最富悲剧的一幕莫过于一个垂暮老人在悲哀地回忆自己年轻时候曾经拥有过的种种冲劲和理想。而如今，他对美的感知能力早在很久以前就已经枯竭，只剩下无能为力的回忆。尽管他的财产过亿，在精神上也只不过是个乞丐。如果时光能够倒流，他愿意用他的全部身家换回感知快乐的能力。

上帝对人类说："尽管拿吧，只要你付出代价。"而古波斯也有一句谚语说："鱼与熊掌不可兼得。"人生是公平的，有得就必有失，谁也无法蒙蔽上帝的慧眼。灵魂就像精于计算的会计师，精准到一法新（英国旧时铜币，相当于四分之一便士）。我们谁也无法逃出自然的规律，为金钱牺牲灵魂的人迟早都要付出代价。

菲利普斯·布鲁克斯①曾说："我们常常为不争气的自己感到生气。"很多人因为不能成为自己理想中的人而感到怨恨，从而憎恨自己，憎恨生活。很多人就是因为无法原谅自己，于是借助毒品或酒精麻醉自己，不让自己想起痛苦的回忆。他们急切需要忘记自己曾经是多么美好的一个人哪。

正是因为有对理想的追求，我们才有了奋斗的动力。成功的秘密就在于此。高尚总能战胜低微。只有这样我们才能积累真正的财富，实现个人价值。

---

① 菲利普斯·布鲁克斯（1835—1893），美国牧师、作家。

真金不怕火炼。如果你能不断提升自己的精神境界，积累智慧，坚持理想，那么无论是怎么样的大火都无法烧毁你精神的财富。克己之人、心灵平和之人，才能成为真正富裕之人，因为他们的财富是任何大火都烧不毁的。

我们总有一天会停下脚步，仔细地思考自己的人生之路应该怎么走。也许是重病难愈的时候，也许是亲人去世的时候，巨大的伤痛会让迫使我们反思自己的人生，这时占据我们思想的反而不会是金钱，金钱在此时此刻似乎变得不那么重要了，而人生真正宝贵的东西——浮现在我们眼前。我们到那个时候才明白，自己原来本末倒置了。我们于是做回自己，思考曾经纯洁的灵魂是如何一步步受到污染，最后远离我们而去。

不久前，一个多年刻苦经商的商人跟我说，他最近遭遇了人生一大变故。他早年的好朋友突然过世了。他当时听到这个噩耗恨不得用自己的全部财产去换回弥补这段友情的时间，因为他以前一直忙着赚钱，觉得自己没有时间去和旧友重叙友情，甚至连好友的来信都没有回复，更别说一起聚会了。他想重新串起因为忽视而断裂的友谊之链，找回自己内心的那份纯真。

我们总是匆匆忙忙，埋头于每日繁忙的工作，甚至抽不出时间耕耘生命中的美好事物，任其因为缺乏照料而枯死。在我们匆忙赶电车或火车时，总是忽视生活的美好东西，渐渐地便视而不见了。拥有汽车甚至比手足之情或者友谊变得更重要了。

何不抽出漫漫人生的一点时间坐下来好好思考自己的人生？问问自己现在究竟在做什么以及有什么人生目标。好好思考一下自己今后的人生之路通向何方，理清思绪，找出人生中真正宝贵的东西。

停下工作整理整理自己繁乱的生活吧，问问自己是否走岔了路，偏离了正道。重新审视自己是否把时间、精力和兴趣放在了真正有意义的事情上。假设自己失去了亲人或挚友，想想你现在专注之事是否还有那么重要？

如果得出的结论是，生活空虚，美好的日子一去不复返，那么你就该明白问题出在自己身上。你的人生已经误入歧途，陷入了泥沼而不是攀上了高峰。

过于紧张的生活往往使得我们忽视生活的乐趣，看不到最普遍的美。只要我们有发现美的眼睛，就算是日常生活中最渺小的东西也蕴藏着妙不可言之美。想想童年时代的诸多乐趣吧，就是看到最普通不过的事情也能让我们激动半天。我们为鸟儿的到来以及春天的花开感到欣喜万分，就连看到穿梭花群采蜜的蜜蜂，听到蟋蟀啾啾的叫声，都能感到喜不自禁。

胸怀大志之人绝不会允许自己只为满足肉体之需而活。他要把最大的精力放在对灵魂的升华上，因为肉体只是灵魂的暂时栖居所，只有灵魂才能得到永恒。他知道灵魂只有承载美好高尚之品质才能得以千古留芳，因而将其一生献给了对高尚事业的追求。

研究社励志经典系列

成功的钥匙
KEYS TO SUCCESS
最值钱的是想法

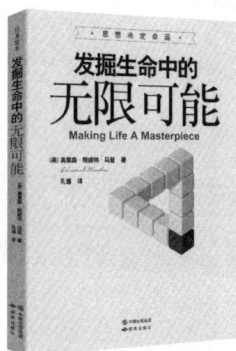

思想决定命运
发掘生命中的
无限可能
Making Life A Masterpiece

机会源于性格，成功源于自己
高效人生

赢在自我修炼
世界属于勤奋的人

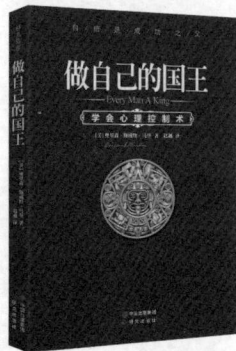

做自己的国王
Every May A King
学会心理控制术